STEAM动手探索 系列

制作彩虹、陨星坑 和弹珠婴儿

ZHIZUO CAIHONG YUNXINGKENG HE DANZHU YING'ER

36个实验开启科学的创造思维

36 GE SHIYAN KAIQI KEXUE DE CHUANGZAO SIWEI

[英]柯林·斯图尔特 著 黄永亮 译

U0246433

接力出版社
Publishing House

桂图登字:20-2018-003

/ 作者 /

柯林·斯图尔特

柯林·斯图尔特是一位科学演说家和资深科普书作家。他还是英国皇家天文学会的研究员,向超过 25 万听众讲授过天文知识。他为伦敦数学学会和数学及其应用研究所撰写文章。他的书在全世界已售出超过 100,000 册。

/ STEAM 编辑顾问 /

乔吉特·雅克曼

乔吉特·雅克曼是 STEAM 综合框架的开发者和创始人,拥有 STEAM 综合教育、技术、服装设计专业多个学位。她身为 STEAM 教育机构的首席执行官,为 20 多个国家和地区提供了众多的教育专业发展课程以及国际政策咨询。

图书在版编目(CIP)数据

制作彩虹、陨星坑和弹珠婴儿:36 个实验开启科学的创造思维/(英)柯林·斯图尔特著;黄永亮译.—南宁:接力出版社,2018.12
(STEAM 动手探索系列)
书名原文:Astonishing atoms and matter mayhem
ISBN 978-7-5448-5700-0

Ⅰ.①制… Ⅱ.①柯…②黄… Ⅲ.①科学实验—少儿读物 Ⅳ.① N33-49

中国版本图书馆 CIP 数据核字(2018)第 195155 号

责任编辑:车 颖 杜建刚
美术编辑:林奕薇 责任校对:高 雅
责任监印:刘 冬 版权联络:王燕超
社长:黄 俭 总编辑:白 冰
出版发行:接力出版社
社址:广西南宁市园湖南路 9 号 邮编:530022
电话:010-65546561(发行部)
传真:010-65545210(发行部)
http://www.jielibj.com E-mail:jieli@jielibook.com
经销:新华书店
印制:深圳当纳利印刷有限公司
开本:889 毫米 × 1194 毫米 1/16
印张:5 字数:60 千字
版次:2018 年 12 月第 1 版
印次:2018 年 12 月第 1 次印刷
印数:00 001—20 000 册 定价:48.00 元

审图号:GS(2018)4960号

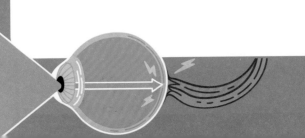

本系列专家顾问团队

刘兵	清华大学教授，中国科协－清华大学科技传播与普及研究中心主任
江晓原	上海交通大学讲席教授，科学史与科学文化研究院首任院长
张增一	中国科学院大学教授，博士生导师，人文学院副院长兼传播学系主任
刘华杰	北京大学科学传播中心教授，中国野生植物保护协会理事
徐善衍	中国科协－清华大学科技传播与普及研究中心理事长
高峰	中国科学院附属玉泉小学校长，新学校研究会副会长
郑良栋	STEAM课程专家、高级顾问

目录

欢迎踏上STEAM学习之旅!

STEAM 教育以科学、技术、工程、艺术、数学为核心，对人类知识做出全新的跨学科整合，它对提高孩子的核心素养，培养孩子在未来社会的生存力、竞争力助益良多，意义重大。

"STEAM 动手探索系列"是国内首套 STEAM 教育实践读物，全套书理念清晰，内容设置精准，每册配有 30 个以上的小实验，帮助孩子"玩中学，学中玩"——在有趣、简易的实验中训练解决问题的能力，养成自主探索的品格，让每个孩子都成为独立思考、脑手合一、善于解决问题的小能人、小专家。

科学

在科学课上，你可以研究周围的世界。

卡洛斯和艾拉

超级科学家卡洛斯是超新星、引力和细菌学领域的专家。艾拉是卡洛斯的实验室助手。卡洛斯将要去亚马孙雨林，艾拉可以协助收集、整理和储存数据！

技术

在技术课上，你可以发明新产品和小工具，从而改善我们的世界。

莱维斯和维奥莱特

顶级技术专家莱维斯的梦想是率先乘着宇宙飞船登上火星。天才机器人维奥莱特是莱维斯使用可回收垃圾制造的。

工程

在工程课上，你可以解决实际问题，制造非凡的结构和设备。

奥利弗和克拉克

奥利弗是杰出的工程师，她三岁时就（使用狗粮）建造出她的第一座摩天大楼。克拉克是奥利弗在一次去往埃及吉萨金字塔的旅途中发现的。

数学

在数学课上，你研究数字、测量和形状。

索菲和皮埃尔

数学天才索菲计算出了喜欢吃爆米花的人与喜欢吃甜甜圈的人的比例，这让全班同学刮目相看。皮埃尔是索菲的计算机帮手。他的计算机技能对于解读质数的奥秘有很大帮助。

科学起源于好奇的人问为什么。

　　科学的任务是研究世界。科学就是要解释清楚地球和宇宙的奥秘。科学在人类的现代生活中处于核心地位——从前沿医学到最新款的智能手机，从寻找其他星球上的生命到保护海洋环境，等等。科学不是简单的一堆事实证据和发明创造——科学是一种思维方式。科学家从不迷信众说，他们总是大胆预测，并通过实验证明实际问题。科学有很多分支学科，让我们一起来看一下：

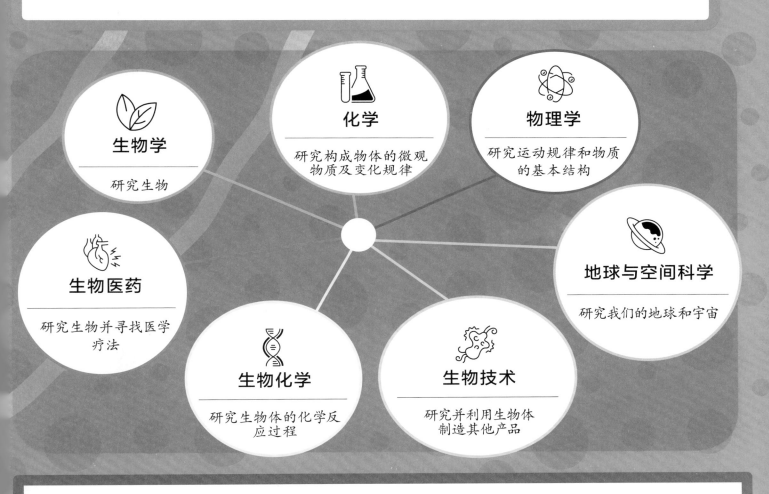

生物学
研究生物

化学
研究构成物体的微观物质及变化规律

物理学
研究运动规律和物质的基本结构

生物医药
研究生物并寻找医学疗法

地球与空间科学
研究我们的地球和宇宙

生物化学
研究生物体的化学反应过程

生物技术
研究并利用生物体制造其他产品

　　小朋友，你是否意识到，你在日常生活中也是科学家。你是否曾经调整晨钟时间，以便体验苏醒状况有什么不同？这就是实验。你是否曾经尝试走不同的路线去朋友家，以便比较哪条路线更快？这也是实验。

　　在本书中，我们将研究关于世界运行的现有科学知识。本书中有很多实验活动，帮助你了解科学是多么有趣。你想有朝一日成为一位揭示科学奥秘的科学家吗？只要有辛勤的劳动和坚定的决心，当然没有理由怀疑你自己。你原本就是一位科学家！

怀揣梦想，祝你成功！

植物

植物是地球上最重要的生物种类。植物不仅为我们提供食物，还提供大量氧气供我们呼吸。

花瓣

花蜜

花

叶

探索加油站

花的构成

根部从土壤中吸收水分和养分。茎部将水分运输至叶子。叶子将阳光转换为能量供植物生长。一些开花植物有鲜艳的花瓣和甜甜的花蜜，可以吸引昆虫。花朵中的粉状颗粒，称为花粉。昆虫将花粉从一朵花传播至另一朵花。如果花粉着落在同类花朵上，就可以形成种子，并长成一株新的植物。

茎部

根部

探索开始啦

光合作用

光合作用是植物自己制造养料的方法。叶子中有一种绿色的物质称为叶绿素，可以从阳光中收集能量。叶子中的细胞利用这些能量将二氧化碳（来自空气）和水转化为氧气和葡萄糖，葡萄糖就是植物生长所需的"食物"。

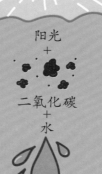

阳光
+
二氧化碳
+
水

光合作用

葡萄糖
+
氧气

动手做实验

叶子感光实验

植物需要多种物质条件才能生存，包括阳光、水分和养分。让我们研究一下阳光对于植物有多么重要吧。

你需要准备：

- √ 一株健康的植物，要求叶片较大（并且允许损坏一些叶子）
- √ 一个有光照的地方
- √ 清洁的食品保鲜膜
- √ 铝箔
- √ 纸
- √ 网眼纱布
- √ 回形针

1 将植物放在一个有光照的地方，放置7—10天。

2 使用食品保鲜膜小心地覆盖两片独立的叶子，并使用回形针固定。

3 分别使用铝箔、纸、网眼纱布重复上一步骤。不要伤害植物的叶子或茎部。

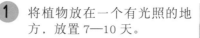

4 接下来的几天里，查看覆盖的叶子，并记录你观察到的任何变化。

5 10天以后，查看每种覆盖物的情况，并比较结果。

6 比较同种覆盖物下的两片叶子。如果它们有相似的变化，你就知道这是覆盖物相同的结果。

为什么会这样？

你发现了吗？一些叶子开始枯萎，绿色开始消失。请思考出现这一现象的原因。哪一种覆盖物遮挡阳光的能力最强？哪一种覆盖物对叶子造成的影响最大？是否有某种覆盖物在阳光下变热并烫伤了叶子？

林耐

卡尔·林耐（1707—1778）是瑞典博物学家，也是研究植物的科学家。他创立了植物和动物的分类与命名方法。

你知道吗？

植物有 390,000种

科学家们了解的植物种类（类型）接近40万种，这一数字还在不断增加。地球上的每个洲（甚至包括南极洲）都有植物生长。植物包括树木、青草、蕨类、苔藓、蔬菜等，它们制造养料的方法都是光合作用。

有趣的动物

科学家们目前在地球上发现的动物种类超过 150 万种（类型），而且每年还要增加 10,000 种！

探索加油站

什么是生物？

所有有机体（生物）可划分为六大类，称为界。这六个界分别是：1）植物界；2）真菌界；3）动物界；4）古细菌界；5）真细菌界；6）原生生物界（属于微生物类）。界的下一分类层级是门。人类属于脊索动物门的哺乳纲。

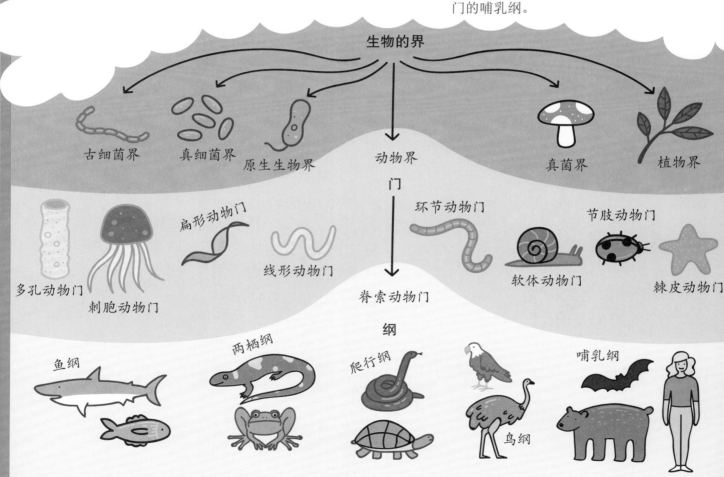

生物的界

古细菌界　　真细菌界　　原生生物界　　动物界 门　　真菌界　　植物界

多孔动物门　　刺胞动物门　　扁形动物门　　线形动物门　　环节动物门　　软体动物门　　节肢动物门　　棘皮动物门

脊索动物门 纲

鱼纲　　两栖纲　　爬行纲　　鸟纲　　哺乳纲

脊索动物

哺乳动物、鸟类、鱼类、爬行动物，以及两栖动物都属于脊索动物门——长有脊索的动物。这些动物之间的主要区别是繁殖方式。例如，多数哺乳动物可以产下幼崽而不是产卵，并且给幼崽喂奶。

探索加油站

动物是怎么生存的？

1）呼吸
（能消化食物并释放能量）

2）生长
（能越长越大）

3）排泄
（能排出粪便）

4）活动
（运动的能力）

5）感知
（能接收环境信息）

6）繁殖
（能繁衍后代）

兔子活蹦乱跳，岩石纹丝不动。生物和非生物是如何区分的？一般来说，动物有七大特点：

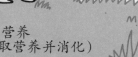

7）营养
（能从环境获取营养并消化）

探索开始啦

物种灭绝

地球上曾经生存的物种 99% 已经灭绝了。如果一个物种的最后一个成员死掉了，我们就说这个物种灭绝了，科学家判断，每年有 10,000 种以上的物种灭绝。物种灭绝是一个自然过程，但是人类的很多行为加快了物种灭绝的速度，例如，捕猎，破坏物种的生存环境。由于人类捕杀，不会飞的渡渡鸟于 1662 年灭绝了。

渡渡鸟

食物网

人体需要能量来维持正常工作，所以我们需要保证饮食均衡。但是，能量到底从何而来呢？食物转化为能量要经过一段奇妙的旅程！

探索加油站

阳光当食品

生物所有能量都来自太阳。植物利用太阳的能量，同时结合地球上的水分和二氧化碳，制造自己生长所需的养分。人或其他动物吃掉植物，能量就转移了。人吃动物的肉，也是获取能量的过程。归根结底，我们吃的都是阳光！

探索开始啦

食物链和食物网

从太阳开始到人体画出能量传递的链条，这些链条构成了食物链。一系列食物链交叉在一起表示动物群落内部的能量转移模式，这就是食物网。

食物链

食物网

生产者和消费者

植物被称为生产者，因为它们可以利用阳光生产自己生长所需的养分。动物被称为消费者，因为它们靠取食植物或捕食其他动物来获取能量。

消费者

生产者

贾希兹

贾希兹（775—868）是伊拉克的作家。他是最早描述食物链思想的作家之一。

动手做实验

探寻自己的食物链

列举一日三餐你最喜欢吃的食物。回想一下今天你吃的什么。如果吃的是水果或蔬菜，它们来自哪里？如果吃的是肉类，想一想来自哪些动物，这些动物平时吃什么？你会发现，食物中的能量归根结底都来自太阳。

被捕食者和捕食者

被其他动物捕食的动物称为被捕食者。捕食其他动物的动物称为捕食者。你会发现，大型捕食者位于食物网的顶端，很多动物既是被捕食者又是捕食者。

探索开始啦

温室气体排放

地球上的人口数量迅速增加，而且每个人都需要吃饭。食物生产和运输占据了温室气体排放的三分之一，温室气体正在导致地球变暖从而破坏环境，所以食物供应是 21 世纪的重大课题之一。

趣味谜题

数量变化

再看一下第 12 页中的食物网。如果老鼠的数量增加或者狐狸的数量减少，将会发生什么？或者，如果发生旱灾摧毁小麦，将会发生什么？思考一下这些问题，你会明白食物网是一个联系紧密的系统。

人体结构

人体是由大量神奇的肌肉、骨骼和器官构成的，它们各司其职，共同维持生命的运转。不过多数时候，我们把它们忽略了！

头盖骨

肱骨

肋骨

桡骨

尺骨

髋骨

股骨

胫骨

腓骨

探索加油站

人体骨架

人体骨架为人体提供一个框架，并为人体器官提供保护。初生婴儿有 305 块骨骼，但是随着身体发育，一些骨骼（包括头颅和骨盆中的骨骼）长成一体了，所以成人的骨骼为 206 块。

探索开始啦

消化

食物消化需要一个很长的过程。首先食物在口中咀嚼，并与唾液混合，然后通过食道到达胃。在胃里经过消化之后到达小肠——食物中的营养在小肠被吸收，并输送到血液中。大肠分离水分，最终排出残渣，即粪便。

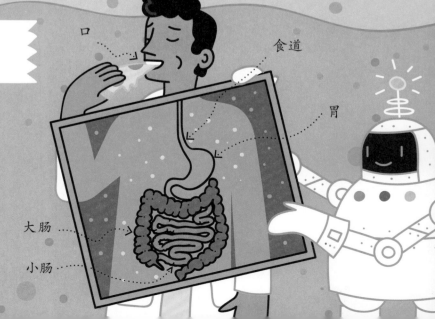

口

食道

胃

大肠

小肠

人的眼睛

光线通过瞳孔（眼睛中部的小孔）进入人的眼睛。眼球中的晶状体将光线集中到视网膜——眼球后部的一个区域。视网膜将光线转换为信号并发送到大脑，这样，我们就能看到世界了！

虹膜　瞳孔　视网膜　信号传至大脑

晶状体

动手做实验

神奇的眼睛

人类的眼睛无限神奇。人眼有很多组成部分协同工作，帮助我们观察大千世界。通过本实验，你将了解人眼对周围环境的反应速度。

1　睁着眼睛在暗室中站立1分钟。

2　将手持镜子放在面部前方。

3　打开电灯。

5　快速地反复打开关闭电灯几次，持续观察你的瞳孔变化。

4　观察你的瞳孔变化。

你需要准备：

√ 手持镜子

√ 有电灯开关的暗室

为什么会这样？

人的瞳孔能根据周围环境的光亮度不同而改变大小。在昏暗的环境中，瞳孔变大，以便收集更多的光线。但是，当打开电灯时，瞳孔立刻收缩至正常大小。在强光条件下，瞳孔的直径为2—4毫米，但在昏暗的环境中可增大至8毫米。

呼吸和循环

呼吸是生存的条件，人的呼吸运动的时间间隔是3—5秒。吸入的氧气进入肺部，由血液运输至全身各处。小科学家们，让我们往下看吧！

肺

探索加油站

红细胞

肺中的小囊称为肺泡。氧气通过肺泡进入血液中，并与血液中的红细胞结合。富含氧气的血液由肺部输送至心脏，心脏将富含氧气的血液泵至全身各处。

探索开始啦

静脉和动脉

动脉将血液从心脏输出，静脉将血液输送回心脏。心脏将血液泵送至肺部，氧气在肺部溶解到血液中。携带氧气的血液返回至心脏，然后心脏将血液泵送至全身各处，这样，氧气就能到达全身各处的每一个细胞。最终，血液中的氧气含量降低，重新返回心脏，开始新的循环。

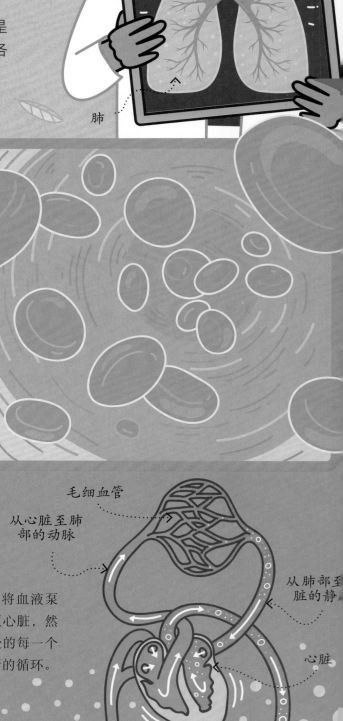

毛细血管

从心脏至肺部的动脉

从肺部至心脏的静脉

心脏

长度惊人

一个成年人体内血管（包括所有的动脉、静脉、毛细血管）的总长度足够绕地球两圈！

洛根

迈拉·阿黛尔·洛根（1908—1977）是非洲裔美国籍医生。她是第一个实施开放心脏手术的女医生，美国外科医师学会的成员。

探索加油站

呼吸

呼吸是人体细胞将血液中的氧气和葡萄糖转化为能量的化学过程。呼吸还产生二氧化碳和水。二氧化碳被输回至血液，到达肺部以后被呼出。

$$葡萄糖 + 氧气 \rightarrow 二氧化碳 + 水 + 能量$$

动手做实验

跑步测心跳

跑步的时候，人体需要更多的氧气来为肌肉提供能量，因此，肺部必须提高工作速度和强度。人体的心脏也需要加倍努力工作，从而为人体提供更多氧气。你可以亲自体验一下……

你需要准备：
√ 跑步的场地
√ 秒表

1 将食指和中指放在腕部的动脉上，找到你的脉搏。

2 开启秒表，计量 60 秒内你的脉搏次数。

3 你感到心脏跳动了几次？心跳次数就是脉搏数。

4 现在跑几分钟步。

5 再次计量 60 秒内的脉搏，看看有什么变化。

6 你的脉搏恢复之前的正常状态需要多少时间？

超级细胞

细胞是一切生物结构和功能的基本单位，你我都一样！人体内的细胞数量超过 37 万亿。不同的细胞在生命活动中起着不同的作用。

➡ 探索开始啦

植物细胞还是动物细胞？

动物细胞和植物细胞相似，但有所不同。其中一个区别是植物细胞含有用于光合作用（参见第 8 页）的叶绿体，细胞壁为细胞提供一个结构，细胞膜起到保护作用——决定什么东西进出细胞。

动物细胞　　　　　　　　　　　　　植物细胞

- 细胞壁
- 细胞膜
- 细胞质（液体）
- 细胞核（控制中心）
- 线粒体（生产能量）
- 叶绿体
- 液泡（储存养分）

你知道吗？

真核细胞和原核细胞

植物细胞和动物细胞都有一个"控制中心"，称为细胞核，细胞核位于细胞膜内，这类细胞称为真核细胞。然而，被称为细菌的微生物的细胞不含细胞核，被称为原核细胞。

细胞壁　　　　　　　　　　　　**细菌的细胞**

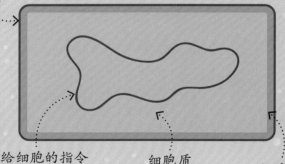

给细胞的指令　　　　细胞质　　　　细胞膜

胡克

罗伯特·胡克（1635—1703）是英国科学家。他通过自制的显微镜发现了一些植物细胞，创立了"细胞"这个名称。

细胞分裂

人的身体时时刻刻都在产生新细胞。皮肤细胞的新陈代谢周期仅为两三周。在有丝分裂过程中，一个母细胞可以分裂成两个一模一样的子细胞。

细胞

有丝分裂

子细胞

拉克

亨丽埃塔·拉克（1920—1951）是非洲裔美国人，一位癌症患者。她的细胞被科学家用来研究和治疗疾病（未经她的允许）。

动手做实验

细胞的活动

这里拿胡萝卜做个简单实验。通过这个实验，你可以观察到水是怎样穿过细胞膜出入植物细胞的。

你需要准备：
- √ 胡萝卜
- √ 两杯水
- √ 三大勺盐
- √ 电子秤

1 将盐搅拌在其中一杯水中。

2 将胡萝卜一分为二，分别称出每一份的重量。

3 将两份胡萝卜分别放入两个杯子中。放置 24 小时。

4 然后观察两份胡萝卜有什么变化，思考一下发生了什么。

5 将两份胡萝卜从水中取出，分别称重。它们的重量有什么变化？

为什么会这样？

水总是从高浓度的区域向低浓度的区域移动，这称为渗透性。在盛盐水的杯子中，胡萝卜细胞中的水穿过细胞膜向外移动，细胞萎缩。在盛普通水的杯子中，外部的水穿过细胞膜进入胡萝卜的细胞中，导致细胞膨胀。

细胞膜

高浓度的水

低浓度的水

遗传基因

你是否想过，人们为什么具有不同颜色的头发或眼睛？为什么有的人高，有的人矮？人类这些特点都是通过遗传基因从父母那里继承而来的。

探索开始啦

DNA

碱基对

基因

基因存在于细胞中，指导细胞的行为。构成基因的物质称为脱氧核糖核酸（DNA）。DNA 的形状像一个扭曲的梯子——科学家称之为双螺旋结构。构成双螺旋结构的每条链的化学物质称为碱基对。

探索加油站

染色体

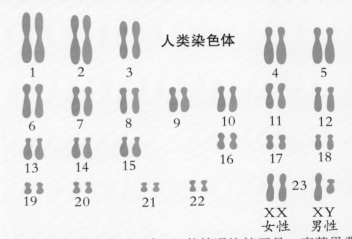

人类染色体

1 2 3 4 5
6 7 8 9 10 11 12
13 14 15 16 17 18
19 20 21 22 23
XX 女性   XY 男性

基因在 DNA 的长链上呈线性排列构成染色体。正常人有 23 对染色体，每对染色体分别来自父亲和母亲，有一对特殊的染色体决定着你是男孩还是女孩。如果从父母双方都遗传了 X 染色体，你就是女孩。如果从母亲那里遗传了 X 染色体，从父亲那里遗传了 Y 染色体，你就是男孩。

新生儿染色体组合不是 XX 或 XY 的情况比较罕见。克莱恩费尔特综合征指的是男婴多出一个 X 染色体。而特纳氏综合征指的是女婴只有一个 X 染色体，而不是两个染色体。患这两种综合征的婴儿在成年后，无法自然生育。还有的时候，男婴会多出一个 Y 染色体（超雄综合征），而女婴则会多出一个 X 染色体（超雌综合征）。这些婴儿以后的身高会高于普通成人。

克莱恩费尔特综合征　　特纳氏综合征　　超雄综合征　　超雌综合征

XX　　XY

富兰克林

罗莎琳德·富兰克林（1920—1958）是英国化学家，她对 DNA 的结构研究有重大贡献。她获取了第一张 DNA 图片，从而证实了双螺旋结构。

制作弹珠"婴儿"

男孩和女孩的出生概率总是一样吗？在本实验里，你可以自己动手做弹珠"婴儿"，一探究竟。获得女婴的概率是多少？获得男婴的概率又是多少？

你需要准备：

- √ 三个颜色相同的弹珠
- √ 一个大小相同但颜色不同的弹珠
- √ 两个纸杯
- √ 笔和纸

母亲　　父亲

1 用笔在一个杯子上标记"母亲"，在另一个杯子上标记"父亲"。

2 在标记"母亲"的杯子中放入两个颜色相同的弹珠。两个弹珠分别代表女性的两个 X 染色体。

3 将两个不同颜色的弹珠放入标记"父亲"的杯子中。它们分别代表男性的 X 染色体和 Y 染色体。

母亲　　父亲

4 闭上眼睛，随机从标记"母亲"的杯子和标记"父亲"的杯子中分别取出一个弹珠，配对成为一个弹珠"婴儿"。

5 记录你获得的染色体组合（XX 或 XY），并记录清楚每个组合是男婴还是女婴。

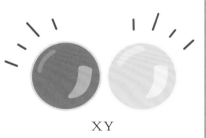

XY

6 将弹珠放回杯子中，重复实验至少 20 次。最后统计分别获得多少男婴和多少女婴。

为什么会这样？

你获得女婴和男婴的数量应该接近。获得女婴（或男婴）的概率是 50∶50。即使一对夫妻连续生了 5 个女孩，下一个孩子是男孩的概率仍然是 50%。

适应和进化

地球上的生命已经经历了漫长的进化过程。从上一代遗传到下一代时发生的微小变化，造就了地球上丰富多彩的生命。

基因突变

地球上所有生命都有一个共同祖先——我们都来自大约 40 亿年前地球上出现的最初生命形式。你的遗传密码来自你的父母，你父母的是从他们的父母那里遗传来的。但是，基因遗传并不是一个完美的过程。遗传密码复制过程中，难免发生一些错误——基因突变。

右图是一个简化模型。在这个DNA结构中有一个错误，也就是"基因突变"。

自然选择

一些基因突变使动物获得了一种相对于同类成员的优势，比如跑得更快因而能够逃脱天敌。这样一来，它们有机会活得更久，并产下后代，同时将这种优势遗传给后代。这便是自然选择——有利的基因突变相比不利的基因突变更有可能遗传给下一代。经过很多代以后，这些微小的变化积累起来就是进化。

达尔文

查理·达尔文（1809—1882）是英国博物学家（研究生物）。他在著名的《物种起源》一书中分享了关于自然选择和进化的观点。

你知道吗？

科隆群岛的雀

查理·达尔文到科隆群岛旅行时发现，不同小岛上的雀具有不同形状的喙。达尔文提出，一定是由于每个小岛上的食物不同，岛上的雀在漫长的适应过程中形成了不同形状的喙。

大地雀　勇地雀

小树雀　绿莺雀

你知道吗？

可观察的进化现象

正常情况下，进化是一个缓慢的过程，因为动物长大并繁殖需要很多年。但是，细菌的繁殖速度快得惊人，科学家已经观察到，细菌 10 天之内就可以进化出抗药性——抵抗抗生素（杀死细菌的药物）。（参见第 72 页）

不具有抗药性的细菌

一些细菌发生基因突变

基因突变使一些细菌对抗生素产生抗药性

具有抗药性的细菌大量繁殖

利基

玛丽·利基（1913—1996）是英国古人类学家（研究古人类）。她发现了已经绝迹的类人猿的头骨化石，被认为是人类祖先留下的化石。

趣味谜题

动物的适应特性

请看下面的动物。你能说出他们适应各自环境的一些特点吗？例如，北极熊进化出了白色的皮毛，便于在雪地里隐蔽自己，从而出其不意地攻击猎物。你能将每只动物与其特性匹配起来吗？

- 鼓起的部位用来储存养分
- 脖子长，便于够到高处的树叶
- 改变身体颜色便于躲避天敌以及捕食猎物
- 爪子和喙锋利，便于捕食猎物
- 皮厚，便于保暖

变色龙　长颈鹿　鹰　骆驼　海豹

（答案在书后）

奇妙的原子

世界上所有物体都是由原子组成的。原子的体积小得惊人，一杯水中竟然包含大约 2×10^{25} 个原子！

探索加油站

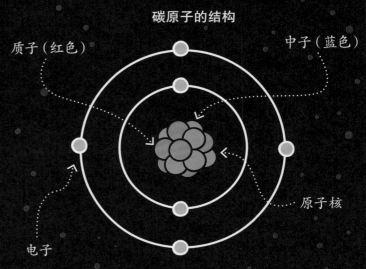

碳原子的结构

质子（红色）　　　　中子（蓝色）

原子核

电子

原子内部

科学家一度认为原子不可继续分割成更小的单位。但是现在我们知道，一个原子包含两个主要部分——位于中心的原子核以及围绕原子核运动的电子。在原子核内部，你可以发现两种粒子，分别是中子和质子。

探索开始啦

中性原子

质子携带正电荷，电子携带负电荷，中子不携带电荷。在正常原子内部，质子的数量和电子的数量相等，所以电性相互抵消。当原子失去电子或获得电子时，电性就会失去平衡，科学家称之为离子。

玻尔

尼尔斯·玻尔（1885—1962）是丹麦物理学家。玻尔因对研究原子的结构和原子的辐射所做的巨大贡献而获得了诺贝尔物理学奖。

动手做实验

原子的比例模型

所有物体都是由原子构成的，包括你、这本书和你坐的椅子，所以，原子肯定是十分稳固的，对吗？让我们做一个氢原子的比例模型看一看。氢原子是最简单的一种原子，氢原子内部只有一个质子和一个外层电子。

你需要准备：

√ 足够大的开放空间，例如公园

√ 一名成人助手

√ 一根缝衣针

1 在一个开放区域，请你的助手把缝衣针插在地上。

2 然后，请助手从你的位置开始走 100 米（大约 130 步）。

氢原子的结构

3 假设氢原子中的质子增大到像插在地上的缝衣针那么大，电子与质子的距离就相当于助手与你的距离。你能看见你的助手吗？很远吧？

100米！

为什么会这样？

原子内部空间几乎是空的。例如，氢原子内部的空间所占比例为 99.9999999999996%。因此可以说人体也是空的。那么，为什么你坐在椅子上不会掉下来呢？这都是因为电磁力的存在。你身体和椅子的每一个原子都有携带负电荷的电子，它们相互排斥，从而阻止你从椅子上掉下来。

非凡的元素

元素是具有相同核电荷数的同一类原子的总称。对于同类元素的原子，原子核内部的质子数是相同的。例如，氧元素的原子，原子核中有 8 个质子。如果质子的数量多于或少于 8 个，那就不是氧元素！

探索加油站

元素周期表

科学家将所有的元素排列在一张表中，这就是元素周期表。这好像食谱中的配料表，我们身边的任何物体都是由这些元素按照不同的组合形式构成的。

元素周期表将特性相近的元素归为一族。元素在表中的次序取决于它们的质子数。第一个是氢元素，有 1 个质子；最后一个是氦元素，有 118 个质子。

族……>
周期

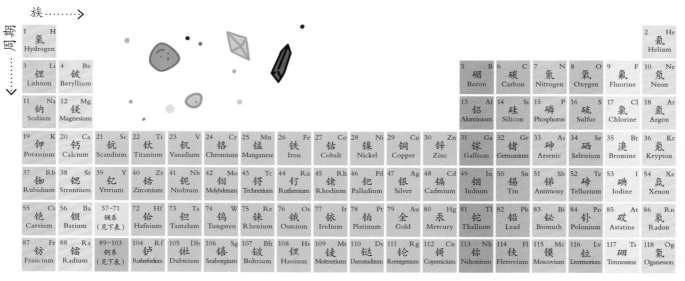

1 氢 H Hydrogen																	2 氦 He Helium
3 锂 Li Lithium	4 铍 Be Beryllium											5 硼 B Boron	6 碳 C Carbon	7 氮 N Nitrogen	8 氧 O Oxygen	9 氟 F Fluorine	10 氖 Ne Neon
11 钠 Na Sodium	12 镁 Mg Magnesium											13 铝 Al Aluminium	14 硅 Si Silicon	15 磷 P Phosphorus	16 硫 S Sulfur	17 氯 Cl Chlorine	18 氩 Ar Argon
19 钾 K Potassium	20 钙 Ca Calcium	21 钪 Sc Scandium	22 钛 Ti Titanium	23 钒 V Vanadium	24 铬 Cr Chromium	25 锰 Mn Manganese	26 铁 Fe Iron	27 钴 Co Cobalt	28 镍 Ni Nickel	29 铜 Cu Copper	30 锌 Zn Zinc	31 镓 Ga Gallium	32 锗 Ge Germanium	33 砷 As Arsenic	34 硒 Se Selenium	35 溴 Br Bromine	36 氪 Kr Krypton
37 铷 Rb Rubidium	38 锶 Sr Strontium	39 钇 Y Yttrium	40 锆 Zr Zirconium	41 铌 Nb Niobium	42 钼 Mo Molybdenum	43 锝 Tc Technetium	44 钌 Ru Ruthenium	45 铑 Rh Rhodium	46 钯 Pd Palladium	47 银 Ag Silver	48 镉 Cd Cadmium	49 铟 In Indium	50 锡 Sn Tin	51 锑 Sb Antimony	52 碲 Te Tellurium	53 碘 I Iodine	54 氙 Xe Xenon
55 铯 Cs Caesium	56 钡 Ba Barium	57-71 镧系（见下表）	72 铪 Hf Hafnium	73 钽 Ta Tantalum	74 钨 W Tungsten	75 铼 Re Rhenium	76 锇 Os Osmium	77 铱 Ir Iridium	78 铂 Pt Platinum	79 金 Au Gold	80 汞 Hg Mercury	81 铊 Tl Thallium	82 铅 Pb Lead	83 铋 Bi Bismuth	84 钋 Po Polonium	85 砹 At Astatine	86 氡 Rn Radon
87 钫 Fr Francium	88 镭 Ra Radium	89-103 锕系（见下表）	104 𬬻 Rf Rutherfordium	105 𬭊 Db Dubnium	106 𬭳 Sg Seaborgium	107 𬭛 Bh Bohrium	108 𬭶 Hs Hassium	109 䥑 Mt Meitnerium	110 𫟼 Ds Darmstadtium	111 𬬭 Rg Roentgenium	112 鿔 Cn Copernicium	113 鿭 Nh Nihonium	114 𫓧 Fl Flerovium	115 镆 Mc Moscovium	116 𫟷 Lv Livermorium	117 Ts Tennessine	118 Og Oganesson

57 镧 La Lanthanum	58 铈 Ce Cerium	59 镨 Pr Praseodymium	60 钕 Nd Neodymium	61 钷 Pm Promethium	62 钐 Sm Samarium	63 铕 Eu Europium	64 钆 Gd Gadolinium	65 铽 Tb Terbium	66 镝 Dy Dysprosium	67 钬 Ho Holmium	68 铒 Er Erbium	69 铥 Tm Thulium	70 镱 Yb Ytterbium	71 镥 Lu Lutetium
89 锕 Ac Actinium	90 钍 Th Thorium	91 镤 Pa Protactinium	92 铀 U Uranium	93 镎 Np Neptunium	94 钚 Pu Plutonium	95 镅 Am Americium	96 锔 Cm Curium	97 锫 Bk Berkelium	98 锎 Cf Californium	99 锿 Es Einsteinium	100 镄 Fm Fermium	101 钔 Md Mendelevium	102 锘 No Nobelium	103 铹 Lr Lawrencium

探索开始啦

周期和族

元素周期表中的横行代表周期，纵列代表族。每个族中的元素特性相近。例如，第18族元素被称为惰性气体。惰性气体无色无味，十分稳定。有的元素则较为活跃。例如，铯如果放入水中，就会爆炸！

门捷列夫

德米特里·门捷列夫（1834—1907）是俄国化学家，他发明了元素周期表。钔元素（原子序数为101）就是因他而得名的。

动手做实验

查询元素周期表

你需要准备：

✓ 笔和纸

✓ 各种各样的日常用品。例如牙膏、首饰、食品包装袋、香皂、饮料瓶、洗发水瓶等。

我们对日常生活中的物品司空见惯，从来没有去细想过这些物品是什么材料组成的。其实，元素周期表中列出的各种元素无处不在，让我们在家里四处找找看吧。

① 看一下元素周期表。你能认出一些元素名称吗？例如碳、铁、钙、钠。

② 收集各种家用物件，看产品上的原料列表，或请成年人帮助说出它们的制造原料。

③ 在元素周期表中找出每个物件对应的元素，并记录下来。

你知道吗？

人造元素

科学家能造出地球上并不天然存在的新元素，它们中大多数是根据人名或地名来命名的，比如镁、锗、铟等。

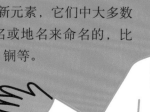

分子和化合物

就像细胞一样，原子抱团时威力更大！小科学家们，让我们研究一下，原子结合到一起形成分子和化合物时会出现什么情况。

沿轨道运动的电子

原子中的电子在固定电子层上围绕原子核运动。内层仅可容纳 2 个电子，外层可容纳 8 个电子。氧原子一共有 8 个电子，所以内层有 2 个电子，外层有 6 个电子。

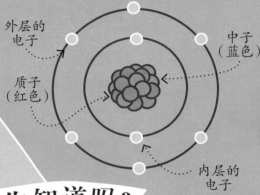

氧原子的结构

外层的电子

质子（红色）

中子（蓝色）

内层的电子

氧气

伟大的分子

原子时刻试图用电子填满各个电子层，一个办法是与其他原子共享电子。氧原子的外层缺少 2 个电子，如果两个氧原子结合成一个分子，就可以共享电子，并填满电子层。

你知道吗？

共价键和离子键

原子结合到一起形成化合物有两种方式。一种方式是共价键，就是原子之间共享电子。另一种方法是离子键，就是一个原子将它的外层电子让给它的同伴。

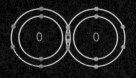

两个氧原子之间的共价键

钠原子（左）和氯原子（右）通过离子键形成氯化钠（盐）

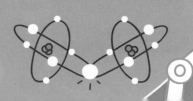

鲍林

莱纳斯·鲍林（1901—1994）是美国化学家。他因在化学键方面的研究贡献获得 1954 年诺贝尔化学奖。

你知道吗？

奇妙的水

氧原子缺 2 个电子，氢原子有 1 个电子，一个氧原子和两个氢原子结合后，就补齐了缺失的 2 个电子。它们产生的分子是 H_2O——也就是水。由两种或两种以上的元素构成的物质称为化合物。

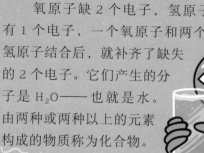

动手做实验

棉花糖 分子

一些很常见的物质并不是元素，而是化合物——由至少两种原子构成的材料。在这个实验中，你可以使用棉花糖而不是原子来亲手制作一些化合物。

你需要准备：

- √ 一包五颜六色的棉花糖
- √ 一些小木棍

你知道吗？

雪花

雪花是无数个水分子形成的晶体。在显微镜下，雪花的形状千变万化，这是因为下落到地面的过程中，雪花经历的空气温度和湿度各不相同，所以形成的晶体存在很大差别。

1 我们使用棉花糖模拟出水分子（H_2O）的结构。

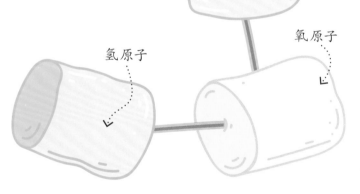

氢原子

氢原子

氧原子

2 你能按照同样的方法模拟出以下化合物的结构吗？

氨（NH_3 —— 1 个氮原子和 3 个氢原子）

甲烷（CH_4 —— 1 个碳原子和 4 个氢原子）

二氧化碳（CO_2 —— 1 个碳原子和 2 个氧原子）

混合物

聪明的科学家都知道，合成材料的方法有很多种。原子可以通过化学键构成分子，你也可以使用不同的材料获得混合物。

探索加油站

溶解

溶质

溶剂

溶液

获得混合物的一个最简单的方法是将某些物质溶解到液体中。例如，你可以将盐溶解到水中，这时，水就被称为溶剂，被溶解的盐称为溶质，两者的混合物称为溶液。

你知道吗？

温度的影响

如果将溶剂加热，溶质的溶解速度会加快。温度增高可以产生更多能量，所以溶剂分子的运动速度会加快。这意味着溶剂分子通过碰撞进入溶质分子的频率更高，因此溶质的溶解速度更快。

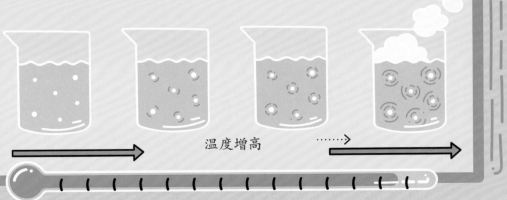

温度增高

亨利

威廉·亨利（1775—1836）是英国化学家。他的突出贡献是将气体溶解到液体中。

探索开始啦

循环利用

我们都知道，为了保护环境需要将回收物品循环利用。但是你思考过吗，怎样分离这些混在一起的回收物品呢？铁和钢有磁性，而铝没有磁性，所以回收中心使用巨大的磁铁将磁性金属与其他物品分离开来。

动手做实验

分离盐沙

有些混合物容易分离，但是有些混合物很难分离。在本实验中，你将了解怎样分离盐和沙。

1 首先，将盐和沙倒入一个杯子里，然后搅拌均匀，做成混合物。

2 在这个杯子中加入一些水，进行搅拌，直到盐溶解（沙不溶解于水）。

你需要准备：

- √ 一名成人助手
- √ 一大勺盐
- √ 一大勺沙
- √ 水
- √ 细网过滤器
- √ 两个杯子
- √ 炖锅
- √ 烤炉或电炉
- √ 小勺

警告！炉架滚烫！

3 将混有盐和沙的水经过细网过滤器倒入第二个杯子中。

4 沙无法通过过滤器，所以第二个杯子中仅有盐水。

5 将盐水倒入炖锅中，请你的助手将炖锅放在烤炉中或电炉上进行加热，直到水分蒸发。最后，炖锅底部剩下的就是盐。

酸和碱

你曾经不慎将柠檬汁溅到眼里吗？很难受，对吧？这是因为柠檬汁是酸性的。与酸相对的就是碱。

探索加油站

关键在于氢原子

一种化学物质是酸还是碱，取决于它的化学结构。酸性物质含有大量氢离子。氢原子失去了唯一的电子，所以带有正电荷。碱则含有很多氢氧根离子（氢原子与氧原子的结合物）。

探索开始啦

pH值

科学家制定了鉴别物质酸碱性的方法，这就是 pH 值，包括 0—14 个等级。水是中性的，所以 pH 值为 7。以此类推，pH 值小于 7 的为酸性，pH 值大于 7 的为碱性。

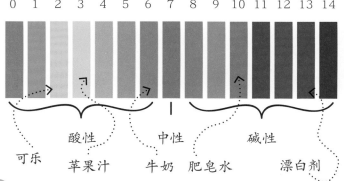

0 1 2 3 4 5 6 7 8 9 10 11 12 13 14

酸性　　中性　　碱性

可乐　苹果汁　牛奶　肥皂水　漂白剂

索伦森

S.P.L.索伦森（1868—1939）是丹麦化学家。他最先提出使用 pH 值鉴别酸碱性。

动手做实验

自制酸碱指示剂

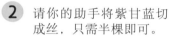

进行科学实验也不一定非要使用特殊的化学物质。在本实验中，你将制作一种液体，并可用来鉴别一种物质是酸性还是碱性。请爸爸妈妈来帮助你做这个实验吧！

你需要准备：

- ✓ 一名成人助手
- ✓ 一棵紫甘蓝
- ✓ 一只碗
- ✓ 一个电热壶
- ✓ 一把刀
- ✓ 一个过滤器
- ✓ 三个清洁的杯子
- ✓ 纯净水
- ✓ 液体漂白剂
- ✓ 白醋

警告！刀口锋利！开水滚烫！漂白剂有刺激性！

1 请你的助手用电热壶烧一壶开水。

2 请你的助手将紫甘蓝切成丝，只需半棵即可。

3 将紫甘蓝丝放入碗中，然后请你的助手将开水倒入碗中。

4 等待冷却。

5 使用过滤器将紫色的水滤出。

6 现在你的酸碱指示剂已经做成了。

7 在三个杯子中分别倒入半杯漂白剂、白醋和纯净水。

8 在每个杯子中分别倒入一些你制作的酸碱指示剂。你观察到了什么？

为什么会这样？

紫甘蓝中包含一种化合物，叫花青素。花青素遇到酸和碱会改变颜色。在这个实验中，花青素遇到碱（漂白剂）变成黄绿色，遇到中性物质（纯净水）保持原来的紫色，遇到酸（白醋）变成粉红色。

漂白剂　　　白醋　　　纯净水

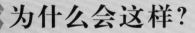

化学反应

在我们身边，化学反应无时无刻不在发生。有些化学反应你几乎观察不到，但是有些化学反应却十分明显。让我们看一下吧！

探索开始啦

交互作用的化学键

化学反应是分子或原子相互作用的过程。在化学反应过程中，原有的化学键被打破，并形成新的化学键。金属生锈就是一个例子，空气中的氧和铁结合（以水为媒介）生成氧化铁（俗称铁锈）。这一化学反应改变了金属的结构。

动手做实验1

制作大象牙膏

一些化学反应十分激烈！让我们来制作一种十分夸张的物质，它看起来似乎能给大象当牙膏！

你需要准备：

- √ 一名成人助手
- √ 容量为1升的大塑料瓶
- √ 橡胶手套
- √ 漏斗
- √ 1：40的过氧化氢溶液100毫升
- √ 洗涤剂
- √ 食用色素
- √ 7克干酵母
- √ 杯子
- √ 四大勺温水
- √ 保鲜膜

警告！小心脏乱！

1 使用保鲜膜覆盖工作台。因为实验会有点脏乱！

2 戴上橡胶手套，然后用漏斗将过氧化氢溶液灌入大塑料瓶中。这个步骤可以请你的助手帮忙。

3 在瓶子中加入一滴洗涤剂和食用色素，然后摇匀。

4 在杯子中加入干酵母和温水，并混合均匀。

5 将杯子中的混合物倒入瓶子中。注意观察发生了什么！

贝托莱

克劳德·路易·贝托莱 (1749—1822) 是法国化学家。他首先发现了某些化学反应是可逆的——也就是说可以恢复反应之前的状态。

动手做实验2

鸡蛋脱皮

下面这个实验，可以让你亲眼看到一个化学反应的过程——鸡蛋壳逐渐消失！

你需要准备：

☑ 容量为1升的玻璃罐或塑料罐，必须带有透明的盖子

☑ 1升白醋

☑ 一个生鸡蛋

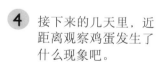

1 在罐子中加入 500 毫升的白醋，然后将生鸡蛋小心地放入罐子中。

2 盖上盖子，放置 24 小时。

3 打开盖子，小心地将罐子里的白醋倒出来，然后再加入 500 毫升的白醋。

4 接下来的几天里，近距离观察鸡蛋发生了什么现象吧。

为什么会这样？

醋中含有醋酸，鸡蛋壳的成分是碳酸钙。这个实验中的化学反应使鸡蛋壳逐渐消失，生成了醋酸钙、水和二氧化碳（CO_2）。你可以看到，鸡蛋上附着的小泡泡就是二氧化碳。

固态、液态和气态

在我们周围的世界里，物质主要有三种物态，它们就是固态、液态和气态。小科学家们，让我们看一下吧！

探索开始啦

物态变化

通过加热或冷却，你可以改变物质的状态，因为加热或冷却能够增加或减少物质内部粒子的能量。物态变化主要有六种过程：熔化，凝固，汽化，液化，升华，凝华。

探索加油站

粒子的影响

所有物质都是由粒子——原子或分子构成的。固态、液态和气态的特性不同，是因为它们的粒子的排列方式不同。在固态中，粒子是以刚性结构结合在一起的，所以不能自由移动，这是固态能够保持外部形状的原因。在液态中，粒子之间存在吸引力，但是能够自由移动，这是液态可以从一个容器倒入另一个容器的原因。在气态中，粒子能够高速、自由移动，所以气态很容易压缩体积，但是必须密封保存。

你知道吗？

物态越级变化

在特殊情况下，固态能够越过液态直接变为气态，这称为升华。从气态直接变为固态称为凝华。

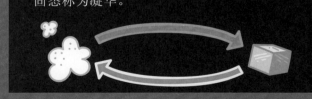

固态

液态

气态

沸点

水在海平面的沸点是 100 摄氏度。然而，在海拔较高的地方，例如珠穆朗玛峰（高度 8844.43 米），空气的压力很小，所以水的沸点约为 70 摄氏度。

动手做实验

冰块 起重机

你想过不用手就可以从水中提起冰块吗？本实验是个小把戏，赶快学会这个魔法向你的小伙伴炫耀吧！

你需要准备：

- √ 一碗水
- √ 一块冰
- √ 线绳
- √ 盐

1. 将冰块放入水中。冰块将浮在水面上。

2. 将线绳的一端放在冰块的上表面。

3. 向冰块上的线绳撒些盐。

4. 静置 1 分钟。

5. 提起线绳的另一端，就能将冰块从水中提起来啦。

为什么会这样？

撒盐的作用是使冰块稍微融化一些。当水重新凝固时，线绳的一端就冻在里面了。这就是我们在结冰的路面上撒盐的原因——使冰融化，进而防止路面打滑。

范·德·瓦耳斯

约翰尼斯·迪德里克·范·德·瓦耳斯（1837—1923）是荷兰物理学家。他的突出贡献是研究液态和气态内部分子间的作用力。

重力

我们日常生活中存在一种力，总是把我们向下拉，这就是重力。弹跳时，你暂时克服了重力。但是，如果你想长时间克服重力，就必须借助强大的机器，例如，飞机和火箭。

➡ 探索开始啦

下落的苹果

你听说过英国物理学家艾萨克·牛顿（1643—1727）发现万有引力的故事吗？牛顿坐在树下，忽然一个苹果落在了他的头上。在那一瞬间，牛顿认识到，肯定有一种力在吸引着苹果下落，而且这种力也吸引着月球靠近地球，还吸引着地球靠近太阳。

你知道吗？

其他行星的引力

引力的大小取决于行星或月球的质量。（质量指物体中所含物质的量。）例如，月球等质量较小的天体，引力小于地球。但是，质量较大的大行星引力也大很多，例如，木星的质量是地球的 317.89 倍。

木星

地球

物体下落

物体落到地面是因为重力将它们向下拉，可是，重力对所有物体的作用都是一样的吗？用一些日常用品，亲自研究一下吧！

你需要准备：

- ✓ 一个大球，例如，足球、排球或篮球
- ✓ 一个小球，例如，网球或高尔夫球
- ✓ 一张纸
- ✓ 楼梯

1 拿起一个大球和一个小球，站在楼梯的最上端。在丢下这两个球之前，先预测一下哪个球先着地。

2 现在，从同一高度同时丢下这两个球，验证一下你的预测是否正确。

3 丢下一个球和一张纸。纸和球哪个先着地呢？

4 同时丢下球和纸，验证一下。

为什么会这样？

1590 年前后，意大利天文学家伽利略·伽利雷（参见第 63 页）发现，不同质量的物体的下落速度是一样的。但是，用纸做实验的结果为什么不一样呢？纸落地的时间较长是因为受到了空气阻力。1971 年，美国航天员戴夫·斯科特在月球上（那里没有空气）同时丢下一把锤子和一片羽毛，结果是两个物体同时落到月球表面。

火花和电压

现代生活中时刻离不开电——从家用电灯到电脑、手机、充电器，这一切都要归功于电子这种微小粒子的运动！

探索加油站

自由电子

通常情况下，电子围绕原子核运动（参见第 24 页）。然而，在有些材料中，电子变得松散，并从一个原子移动到另一个原子。这种"自由"电子的流动就形成了电流。

电子

原子核（质子和中子）

一个电子移动至下一个原子

一个电子移动至下一个原子

以此类推……

电流

探索开始啦

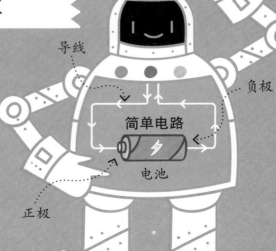

灯泡

导线

负极

简单电路

电池

正极

电路

家用电力需要以电路的设计思想为基础。电路是供电流跑一整圈的闭合回路，如果切断电路，电流就会中断。一个简单的电路是电池负极的电荷沿着导线移动至电池的正极。

伏特

亚历山德罗·伏特（1745—1827）是意大利科学家。他制造了第一枚电池。表示电压的基本单位伏特就是用他的名字命名的。

探索开始啦

导体和绝缘体

有些材料电子能够很容易地通过，我们把这些材料称为导体，比如铜、铝、铁等。有些材料电流难以通过，我们称之为绝缘体，比如木头、塑料等。

特斯拉

尼古拉·特斯拉（1856—1943）是塞尔维亚裔美籍物理学家和发明家。他对现代家用电力系统的发明有重大贡献。

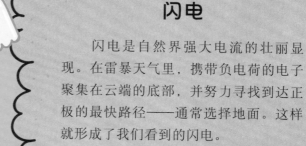

你知道吗？

闪电

闪电是自然界强大电流的壮丽显现。在雷暴天气里，携带负电荷的电子聚集在云端的底部，并努力寻找到达正极的最快路径——通常选择地面。这样就形成了我们看到的闪电。

动手做实验

弯曲水流

在本实验中，你可以像伟大的魔术师一样使水流弯曲。学会以后让你的小伙伴大开眼界吧！

你需要准备：

✓ 带水龙头的水槽
✓ 塑料梳子
✓ 干净的头发

1 打开水龙头，让水流缓慢、稳定地流出来。

2 拿起塑料梳子，按照同一方向梳理头发至少 10 次。

3 将塑料梳子靠近水流。你观察到了什么？

4 像真正的科学家那样继续深入研究一下。用热水和用冷水有区别吗？水流和梳子之间的距离有多远？你还发现了什么？

为什么会这样？

通过梳理头发，塑料梳子上积聚了电子，从而使塑料梳子整体携带负电荷。这些负电荷吸引水流中的正电荷，从而使水流朝塑料梳子的方向弯曲。

神奇的磁铁

玩磁铁十分有趣。磁铁能够吸引并移动由钢铁制造的物体，真像魔术一样。不过，这并不是魔术——这是磁场在起作用。

➡ 探索开始啦

异极相吸

一个磁铁有两个磁极——北极和南极。当你把两块磁铁的同性的磁极靠近时，磁场就会相互排斥。但是，两个异性的磁极之间会相互吸引，最终使两块磁铁吸在一起。

北极	北极
南极	南极
↓↓↓	⇄⇄
↑↑↑	⇄⇄
北极	南极
南极	北极

你知道吗？

地球是个超大磁体

地球的核心是由液态的铁和镍构成的。随着地球的旋转，地核中的液体也会运动并在地球周围产生一个大磁场，这个大磁场能够作为一种屏障，保护地球上的生命免受宇宙辐射能量的伤害。

探索加油站

磁场

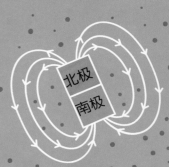

所有发出力的物体，周围都有一个区域属于力的作用范围，物理学家将这个区域称为场。磁铁周围的场称为磁场。

麦克斯韦

詹姆斯·克拉克·麦克斯韦（1831—1879）是英国物理学家。他发现电流和磁场总是紧密相关。

探索开始啦

真北还是磁北?

真北是沿着地球表面朝向地理北极的方向。磁北是地球的磁场线朝向地磁北极的方向,它与地理北极之间有一个小夹角。

你知道吗?

解读指南针

指南针有一个磁化的指针,这个指针停止旋转后总是指向地球的磁北。如果你想找到磁北的方向,只需轻轻转动指南针,使指针与"N"线对齐即可。

动手做实验

制作指南针

虽然看不见,但地球的磁场就在我们身边。指南针借助地球的磁场来帮助我们辨别方向。不过你不需要购买昂贵的指南针——利用日常物件就可以自己制作一个指南针。

你需要准备:

- √ 一名成人助手
- √ 塑料瓶盖
- √ 一根钢针
- √ 条形磁铁
- √ 盛了一些水的小盘子

警告!
针尖危险!

1 将瓶盖倒过来,使其漂浮在水面上。

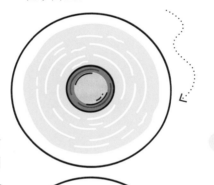

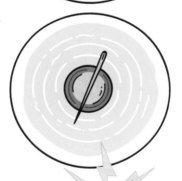

摩擦50次!

2 将钢针在磁铁上摩擦 50 次,确保从针尾向针头摩擦,且使用磁铁的同一磁极。可以请你的助手帮忙。

3 轻轻地将针放在瓶盖上。

4 你观察到了什么?

5 将条形磁铁慢慢靠近钢针,现在观察发生了什么变化。谁的磁场更强?是磁铁的磁场还是地球的磁场?

为什么会这样?

在钢针的内部有成千上万的区域,称为磁畴。钢针与磁铁摩擦以后,磁畴按照相同的方式排列,这时钢针被磁化了。然后,钢针按照地球的磁场进行旋转,最终指向磁北。当你拿着磁铁靠近钢针的时候,钢针就会移动,即使很小的条形磁铁也比地球的磁场强。

七彩的阳光

没有阳光，我们就无法看见周围的世界。有了阳光，我们的世界才变得多姿多彩，有蓝天、绿树、粉红色的草莓冰激凌！

探索开始啦

七色光

你或许认为阳光是白色的，或者没有颜色。实际上，阳光是由七种颜色的光组成的。如果使用棱镜或水滴将阳光分解，它的七种颜色会形成一个光谱——也就是彩虹。我们看到物体，是因为光在物体上进行了反射。多数物体并不发光——你看到的是物体反射的光。白色物体反射所有的色光，而黑色物体吸收所有的色光。

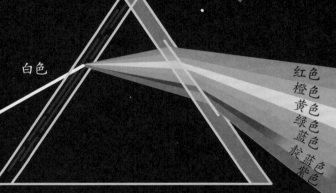

白色

红色 橙色 黄色 绿色 蓝色 靛色 紫色

动手做实验1

弯曲铅笔

这是一个光学错觉实验。在这个实验中，铅笔看起来像断了一样，但实际上并没有断！

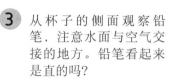

你需要准备：

√ 一个玻璃杯

√ 一支铅笔

1 在杯子中注入水，直到快满为止。

2 将铅笔放入水中。

3 从杯子的侧面观察铅笔，注意水面与空气交接的地方。铅笔看起来是直的吗？

光的折射

光总是沿着直线传播。不过，光传播的方向可以改变。当光通过两种密度不同的物质时，例如空气和水，光会发生折射，在玻璃杯中水面与空气交接的地方，铅笔看起来像断了一样，就是这个原因。

动手做实验2

制造彩虹

想看彩虹吗？你不需要等待雨过天晴的时刻！你可以自己制造彩虹！按照以下步骤就可以实现。

你需要准备：

- ☑ 一个浅的托盘，例如烤盘
- ☑ 水
- ☑ 小镜子
- ☑ 几张白纸

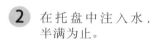

1. 将托盘放在阳光直射的地方。

2. 在托盘中注入水，半满为止。

3. 将镜子搭靠在托盘的一端，使镜子一半在水中，一半在水面之上。

4. 调整托盘的方位，使阳光能够照射到水面之下的那一半镜子上。

5. 将纸举在空中，在托盘上方正对着镜子。

6. 经过细微的角度调整，你就能够在纸的下表面看到投射的彩虹。

为什么会这样？

光的分解

阳光在水中传播时，水将阳光分解成多种颜色，就像雨滴通过彩虹区域时分解阳光。

奇妙的声音

每天我们听到的声音种类不计其数，包括鸟鸣、汽车发动机轰鸣、人类的笑声等，这些声音都来自我们周围空气的轻微振动。

探索加油站

听好了！

我们听一个朋友讲话时，这中间有很多复杂的细节发生。首先，你朋友的声带发生振动，从而使周围空气发生振动。这些振动在空气中四散传播，其中一些振动到达你的耳朵，使耳中的鼓膜发生振动。鼓膜的振动传递到听小骨（左右耳各有三块），进而传递到内耳中的耳蜗。耳蜗处的神经收集这些振动信号，并传递至大脑，由大脑将这些信号转换为声音。

外耳

听小骨

鼓膜

耳垂

耳蜗

探索开始啦

声波

声音传递以波状进行。频率是度量声波重复的指标。在短时间内重复次数较多（高频率），就会产生高音的效果。在短时间内重复次数少，就会产生低音的效果。振幅是度量声音能量大小的指标。能量越大，波峰就越大，声音也就越响亮。声波不仅能在空气中传播，还能在液体和固体中传播。

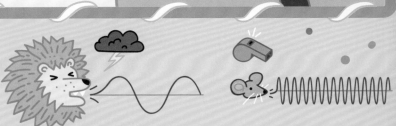

低频率
单位时间内重复次数少=低音

高频率
单位时间内重复次数多=高音

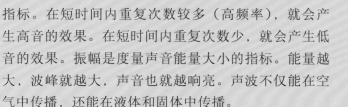

较微弱

较响亮

小振幅（能量）
波峰小=较微弱

大振幅（能量）
波峰大=较响亮

制作乐器

吉他等乐器能够发出不同的声音，因为你能以很多方式振动它们的弦。按照下面的步骤说明，你也可以制作乐器！看看你能用这些乐器演奏什么音乐吧。

你需要准备：

- ☑ 四个一模一样的干净的玻璃瓶
- ☑ 水
- ☑ 量杯
- ☑ 食用色素（可选）
- ☑ 电子琴或钢琴（可选）

1 你需要先弄清每个瓶子能盛多少水。如果瓶子上无标识，就把一个瓶子装满水，然后将水倒入量杯中，计算出瓶子的容量。

2 一个瓶子空着，另外三个瓶子分别注入四分之一、二分之一、四分之三的水。

3 在这一步骤中，如果你想让你的乐器变得多姿多彩，还可以在每个瓶子中加入不同颜色的食用色素。

4 在每个瓶子的瓶口处吹气，仔细聆听发出的声音。盛水较多的瓶子发出的是高音还是低音？

5 如果你有电子琴或钢琴，可以尝试找出每个瓶子对应的键位（音符）。观察键位之间的距离是多少？

为什么会这样？

空气在较小的空间内（盛水多的瓶子）振动时，会产生较高的声调。一个瓶子的空体积为另一个瓶子的一半时，产生声音的频率则是另一个的两倍大小，这意味着这两个瓶子产生的声音在键位上对应八度音阶。

让我们动起来！

我们无时无刻不在使用能量，无论是在操场上跑步还是给平板电脑充电。能量是一切活动的源泉。

探索开始啦

能量转换

能量既不能创造，也不能消灭，只能转换存在形式——从一种形式转换为另一种形式。例如，在电灯泡中，电能转换为热能和光能。

你知道吗？

再生能源还是非再生能源？

我们获取能源的方式有很多。一些化石燃料——古生物遗骸在地表中长期演变成的燃料，例如煤炭、石油和天然气，都属于非再生能源，用尽了就没有了。再生能源包括太阳能、风能、潮汐能等。

非再生能源

再生能源

玩具汽车溜坡

通过这个玩具汽车溜坡实验，你可以明白势能和动能之间的关系。

你需要准备：

- ✓ 五本厚度大致相等的书
- ✓ 一块木板
- ✓ 一个玩具汽车
- ✓ 一盒卷尺
- ✓ 纸和笔

1. 在纸上画出一个两栏的表格。在第一栏的顶部写上"书的数量"，在另一栏的顶部写上"行驶的距离"。

2. 将木板搭在一本书的边缘，形成一个坡道。

3. 将玩具汽车放在坡道的顶部，然后自然松开（不要用力推）。

4. 使用卷尺测量出玩具汽车从坡道顶部行驶的距离，在表格中记录该数据。

5. 如果增加书的数量，你认为会出现什么情况？记下你的预测结果。

6. 依次使用两本、三本、四本和五本书做实验，并在表格中记录实验结果。

为什么会这样？

玩具汽车的起点越高，储存的势能就越大。当玩具汽车从坡道滑下时，势能转换为动能。动能越大，意味着汽车的速度越大，从坡道顶部行驶的距离就越远。

焦耳

詹姆斯·焦耳（1818—1889）是英国物理学家。他在能量研究领域有重大发现。能量单位焦耳(J)就是用他的名字命名的。

你知道吗？

能量和焦耳

能量的单位是焦耳。焦耳度量的是当你向物体施加力时所传递的能量（做功）。1焦耳的功是1牛（牛顿）的力施加在物体上行驶1米的距离。一个人冲刺的时候每秒钟大约消耗1000焦耳的能量。

热量和温度

我们总是和热量与温度打交道——无论是聊天气，烧开水，还是冷冻食品。那么，小科学家们，到底什么是热量和温度呢？

➤ 探索开始啦

能级

当你加热物体时，你赋予那个物体中的分子更多的能量，所以分子运动的速度加快。当你冷却某种物体时，你把它的能量转移了，所以分子的运动速度降下来了。

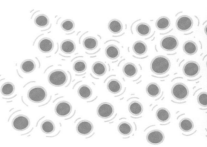

低温物体中的粒子

高温物体中的粒子

你知道吗？

热量还是温度？

热量和温度不是一个概念。热量（单位是焦耳）是温度高的物体向温度低的物体所传递的能量。温度（单位是度）是指物体的冷热程度。

温度计测量摄氏温度（℃）或华氏温度（℉）。

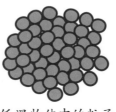

摄尔修斯

安德斯·摄尔修斯（1701—1744）是瑞典科学家。他研究温度，摄氏度（℃）就得名于他。华氏度（℉）得名于一位波兰物理学家丹尼尔·华伦海特（1686—1736）。

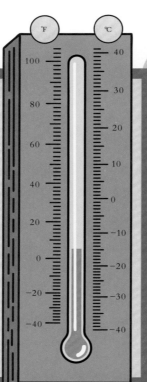

热量流动

通过这个神奇的实验，你可以亲自观察温度如何影响水的密度。实验可能打湿东西，所以建议在水槽里做。

你需要准备：

- ✓ 一名成人助手
- ✓ 一个托盘
- ✓ 四个果酱罐
- ✓ 红色和蓝色的食用色素
- ✓ 两张醋酸纤维板
- ✓ 冷水
- ✓ 热水
- ✓ 勺子

警告！
小心打湿！

① 在一个罐子里注满冷水，在另一个罐子里注满热水。

② 将蓝色的食用色素加入冷水中，用勺子搅拌均匀。将红色的食用色素加入热水中，用勺子搅拌均匀。

③ 将蓝色的罐子盖上醋酸纤维板，压结实。

④ 现在将蓝色的罐子倒置过来，并且不使里面的水溢出来。

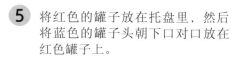

冷水

⑤ 将红色的罐子放在托盘里，然后将蓝色的罐子头朝下口对口放在红色罐子上。

⑥ 请你的助手帮忙扶着蓝色罐子的上部不动，同时你小心地将两个罐子之间的醋酸纤维板取走，观察发生了什么。

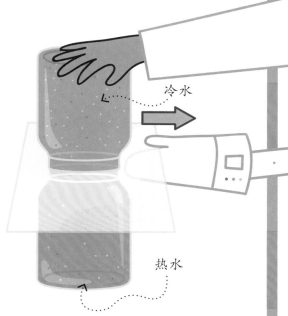

冷水

热水

⑦ 使用另外两个罐子和食用色素重复上述步骤，但是不同的一点是，将红色罐子倒置在蓝色罐子上面。

⑧ 抽出醋酸纤维板之后，观察发生了什么。

为什么会这样？

冷水的密度比热水大，因为冷水中分子之间的距离更近。冷水在上面时，密度大的冷水混入热水中，导致两部分液体混合到一起。但是，热水在上面时，密度大的液体已经处于下方，所以两部分液体不会混合。

热水

冷水和热水混合

冷水

岩石和化石

岩石是自然环境中存在的最古老的物质之一。很多岩石已经静静地躺在那里几十亿年了！有的岩石中埋藏着化石，记载着地球上的生命的历史。

➡ 探索开始啦

岩石种类

岩石的种类主要有三种：火成岩、沉积岩和变质岩。火成岩是岩浆（地表以下温度极高的液态岩石）冷却形成的。沉积岩是沙子、黏土和动物尸骨在几百万年的漫长时间里挤压形成的。变质岩是其他岩石经过受热或受压而形成的。

动手做实验

小小 地质学家

你是否想过岩石的成分是什么？立即行动起来，收集岩石，并进行"酸性实验"，看看你收集的岩石是由什么构成的。地质学家也经常使用酸性实验来研究地球的构成成分。

你需要准备：

- ☑ 你采集的各种小岩石样本
- ☑ 几个塑料杯
- ☑ 醋

1. 将塑料杯排好——杯子的数量等于你需要测试的岩石的数量。

2. 在每个杯子中加入等量的醋。

3. 在每个杯子中放入一颗小岩石。

4. 这些岩石有开始咝咝冒泡的吗？是否有的岩石比其他岩石冒泡更为剧烈？

为什么会这样？

如果岩石中含有碳酸钙，就会与醋发生化学反应，产生二氧化碳，产生冒泡现象，发出咝咝声。咝咝冒泡的现象越明显，说明岩石中含有的碳酸钙越多。

你知道吗？

地球多少岁了？

我们居住的地球的年龄肯定不小于最古老的岩石。地质学家迄今为止发现的最古老的岩石的年龄是 40 亿年以上，科学家推算地球的年龄是 45.4 亿年以上。

莱尔

查尔斯·莱尔（1797—1875）是英国地质学家。他率先主张利用岩石的年龄来论证地球的年龄，远远超出当时人们的猜测。

探索开始啦

化石

当一株植物或一只动物死亡之后，它的遗骸可能落入沙子或泥土中。在数百万年的漫长历史过程中，地表泥沙堆积的层数也在增加，最终形成沉积岩，岩石中保留了遗骸的印记。科学家将这些遗骸印记称为化石。

你知道吗？

鸡蛋和脚印

不仅动植物遗骸能够形成化石，古生物学家还发现了鸡蛋和脚印的化石。

安宁

玛丽·安宁（1799—1846）是英国古生物学家。她在英国海岸发现了重要的化石，她第一个辨认出那是鱼龙和蛇颈龙化石。

火山和地震

大自然可以是美丽的，也可以是狂暴的。火山和地震展示了大自然最狂暴的一面。

➡ 探索开始啦

地壳构造板块

地球表面并非完整一体的，而是由面积较小、相互关联的板块构造组成的——就像智力拼图游戏用具七巧板一样。这些板块构造漂浮在高温熔岩（岩浆）形成的"海洋"上，所以板块能够移动。

北美洲板块 | 欧亚板块 | 阿拉伯板块 | 非洲板块 | 太平洋板块 | 纳斯卡板块 | 南美洲板块 | 印度洋板块 | 南极洲板块

探索加油站

自然的力量

板块之间的边界称为板块边界。有时候，板块的运动会引起板块边界的开裂，形成断层。两个板块在断层地带相互摩擦，就会发生地震。如果两个板块相遇，一个板块可能被迫移动到另一个板块的下方，这一过程将导致岩浆冲出地表。喷出的岩浆冷却以后变成固体岩石，形成火山。

火山

地震

大陆漂移

你是否注意过南美洲和非洲的形状就像拼图一样十分吻合？大约3亿年前，地球上所有的陆地都是连为一体的，称为泛大陆。但是，在数百万年的漫长历史中，漂浮在岩浆海洋上的陆地分离开来了。

现在

大约3亿年前

动手做实验

制造火山

通过这一脏乱但有趣的实验，你可以在家中制造安全的火山喷发的壮丽景观！

你需要准备：

√ 一名成人助手

√ 醋

√ 发酵粉

√ 红色食用色素

√ 洗涤剂

√ 茶匙

√ 小容器，例如婴儿食品罐

√ 雕塑黏土

警告！
小心脏乱！

1 首先，用雕塑黏土来制作火山本体。火山应当是中空的，以便熔岩从里面喷出来。

2 在小容器中加入 2 茶匙发酵粉和 1 茶匙洗涤剂。

3 在步骤 2 的混合物中加入几滴红色食用色素。

4 将小容器放进你做的火山中。

5 取 5 茶匙的醋放入小容器中。

6 观察你的火山瞬间喷发的壮丽场景吧！

醋是酸性的，而发酵粉是碱性的（参见第 32 页）。它们相遇会发生化学反应，迅速释放大量二氧化碳气体。二氧化碳气体被洗涤剂的泡沫所包裹，就形成了你看到的景象。

海洋

从太空中看地球，最明显的特征就是蓝色。这是因为地球表面约有 71% 的面积被水覆盖。

➡ 探索开始啦

四大洋

地球上有四大洋：太平洋、大西洋、印度洋和北冰洋。

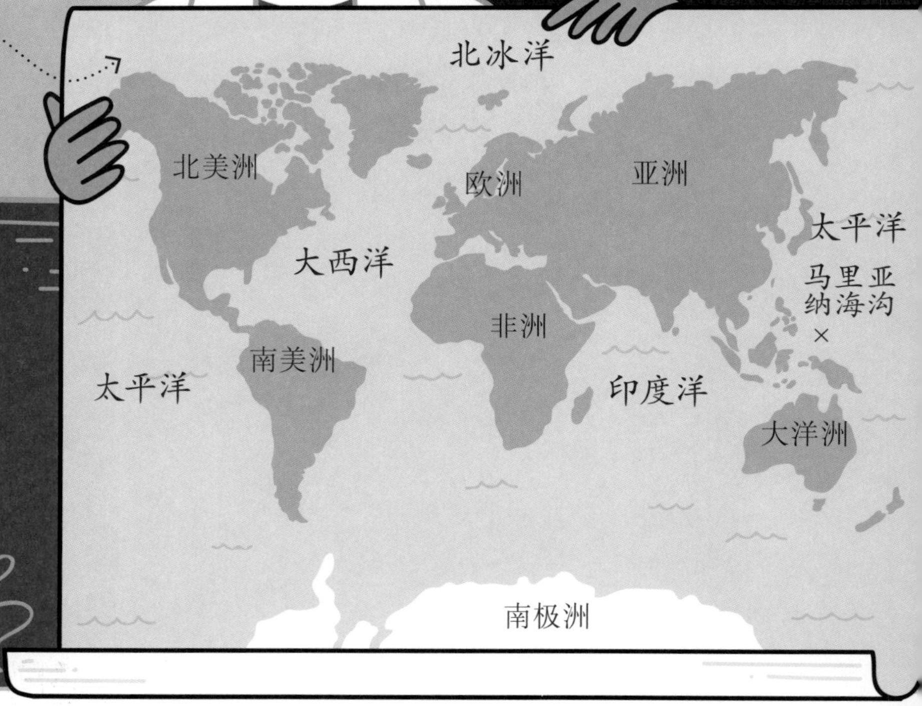

你知道吗？

咸咸的水

海水中的盐分来自陆地上的岩石。雨水冲刷、侵蚀着岩石，并将岩石中的盐分带到海洋中。

北冰洋

北美洲

欧洲　　亚洲

大西洋

太平洋

马里亚纳海沟
×

非洲

印度洋

南美洲

太平洋

大洋洲

南极洲

你知道吗？

马里亚纳海沟

马里亚纳海沟位于太平洋，是世界四大洋中最深的海沟，深达 11,034 米。即使将珠穆朗玛峰放在马里亚纳海沟中，依然不能露出水面。

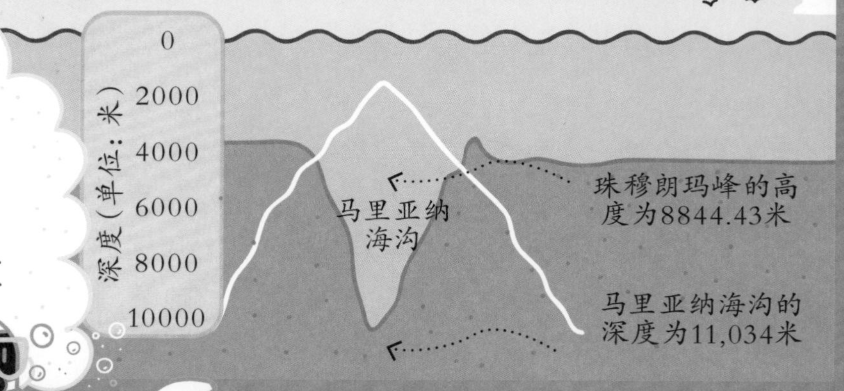

深度（单位：米）

0

2000

4000

6000

8000

10000

马里亚纳海沟

珠穆朗玛峰的高度为8844.43米

马里亚纳海沟的深度为11,034米

探索开始啦

潮汐

你在海边观察过海水冲上沙滩又退去吗？潮汐是由于月球（太阳）对地球上的海水产生的引力导致的。多数海岸每天都有两次高潮和两次低潮。

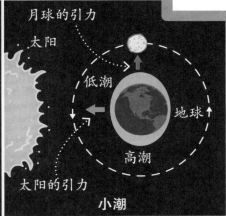

太阳和月球的引力叠加

太阳

地球

月球

低潮

高潮

大潮

月球的引力

太阳

低潮

地球

高潮

太阳的引力

小潮

你知道吗？

大潮和小潮

最高潮（大潮）每月发生两次——当月球和太阳形成一条直线时，它们的引力叠加。当太阳和月球相对于地球形成一个直角时，它们的引力相互抵消，会发生较低的潮（小潮）。

你知道吗？

海浪

海浪与潮汐不同。海浪是海风吹到海洋表面引起的，而不是由月球引力导致的。

动手做实验

制作潮池

潮池是海岸上地形低陷、岩石较多的地方。一些潮池只有在低潮时才能显露出来，高潮时全部被海水淹没。对于需要对付潮汐和海浪的海洋生物而言，潮池就是它们的家。

你需要准备：

- √ 边缘高度约为6厘米的大托盘或罐子
- √ 沙子
- √ 大小不一的岩石或石头
- √ 塑料做的海洋生物，例如海星、鱼、海胆、螃蟹、海草、海葵、蛤、帽贝等（你也可以用雕塑黏土自己做）

1 在托盘底部铺 0.5 厘米厚的沙子。

2 在托盘中放入一些石头或岩石。将它们堆在一个角落里，排成不同的层级，形成一个潮池。

3 将海洋生物放在潮池中的不同位置。

4 在潮池中逐渐加水，观察哪些动物最先被淹没。在潮池中制造些海浪，观察将会发生什么。

为什么会这样？

潮池中少量的水代表低潮，大量的水代表高潮。观察一下，哪些动物始终位于水面以下，哪些动物随着潮水大小时而位于水下，时而露出水面。

无处不在的水！

接水的时候，你是否停下来想过水是从哪里来的？水是如何来到你的杯子里的？真相会超出想象！

蒸发与冷凝

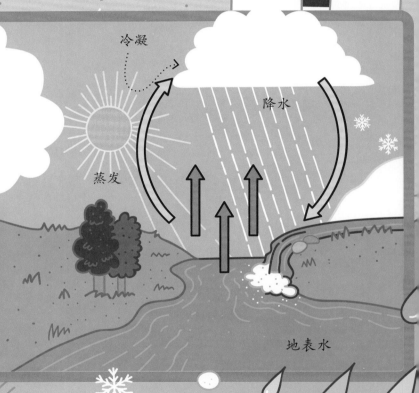

世界上的水大部分存在于海洋中。海水被加热以后，一部分水蒸发到空气中，形成水蒸气。上升的高度越高，温度就越低，最终水蒸气经过冷凝变成水滴，甚至冰晶，聚集在天空中的尘土颗粒周围，形成云。

你知道吗？

水在海洋中停留的平均时间为 3200 年。

探索开始啦

降水

如果聚集在云层中的水滴或冰晶太多，超出云层的支持能力，水滴或冰晶就会降落到地面，形成雨滴或雪花。这个过程称为降水。雨滴降落的最大速度是每小时 32 千米，可以在 2—7 分钟到达地面。

水库

水库是人工挖成的用于储存水的大型开放水塘。储存的水经过过滤和净化，可以通过地下管道输送到家家户户。

下雨的味道

下雨时，你是否闻到过一种十分特殊的、令人愉悦的味道，科学家称之为潮土油。特别是长时间的温暖干燥天气之后来一场雨，这种味道尤其明显。雨滴拍打着地面，释放出土壤中的芬芳。

动手做实验

杯中集雨

天上无云也可以下雨。这个小实验教你怎样在家里实现人工降雨。

你需要准备：

√ 玻璃杯
√ 剃须泡沫
√ 蓝色的食用色素
√ 移液管

① 用玻璃杯接取大半杯自来水。

② 在玻璃杯的上面喷上一些剃须泡沫当作云。

③ 使用移液管将食用色素缓慢滴在剃须泡沫上。

④ 密切观察下面的水。

为什么会这样？

刚开始滴食用色素的时候，观察不到什么现象。但是，随着食用色素的滴量积聚，剃须泡沫开始不堪重负，于是食用色素开始下落到水中。这类似水滴在云端聚集然后下雨的过程。

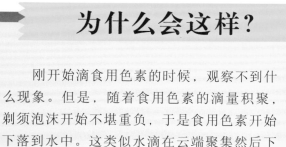

天气预报

天气影响着我们的日常生活。天气影响我们穿衣、出行，甚至影响我们的心情。

探索加油站

天气还是气候？

天气和气候不是一个概念，尽管很多人将这两个词混用。天气指一定区域、一定时间内大气中发生的各种气象变化，如温度、湿度、降水、刮风等情况。气候指一定地区经过多年观察而得到的概括性气象情况。

地点	气候	天气
马来西亚 吉隆坡	热带	30℃ 高温 阵雨
法国 巴黎	温带	17℃ 温和 晴天
埃及 开罗	沙漠	44℃ 高温 干燥

探索开始啦

化石燃料燃烧释放的二氧化碳气体

太阳的热量

大气中的二氧化碳气体吸收热量

海洋释放的热量

陆地释放的热量

汽车尾气排放的二氧化碳气体

气候变化

地球的气候始终在不停变化。在冰河冰期时，温度下降，冰川覆盖了地球上大部分地区。今天，多数科学家认为，地表周围的空气——大气层——正在逐渐变暖。人类行为是大气层温度升高（全球变暖）的重要原因，例如，燃烧化石燃料获取能量（参见第48页），这个过程会释放有害气体。

阿仑尼乌斯

斯万特·阿仑尼乌斯（1859—1927）是瑞典物理化学家。他首先计算了人类释放二氧化碳对大气层的影响。

风

风的力量可以大得惊人，有时候甚至可以将大树连根拔起。风本质上与气压（地球表面受到的空气重量）有关。空气总是从高气压区域流向低气压区域，这就形成了风。

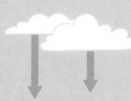

太阳

陆地上的热空气

陆地上的冷空气

风向

高气压区

低气压区

动手做实验

制作风向标

风总是改变方向。你可以制作一个风向标，跟踪风向的变化。

你需要准备：

- √ 一名成人助手
- √ 带盖的纸质咖啡杯
- √ 一端带橡皮的铅笔
- √ 一根吸管（如果是弯头吸管，就将弯头剪掉）
- √ 一些石子
- √ 剪刀
- √ 卡片
- √ 图钉
- √ 指南针
- √ 记号笔

1 将卡片剪出一个箭头状（三角形）和一个正方形。

2 在吸管的两端分别开一个长度为 1 厘米的缝隙，将上述两个形状塞进缝隙中。

3 在纸杯中放入一些石子，盖上盖子，并倒置过来。

4 将铅笔穿过杯子底部插入倒置的杯子。

5 将图钉小心地插入吸管的正中间部位，固定在橡皮上。可以请你的助手帮忙。

6 使用指南针（参见第43页）找出四个方向，并在杯子的侧面分别标记为 N（北方）、S（南方）、E（东方）和 W（西方）。

7 观察所做的风向标在风中的变化。变化频率是多少？主流风向是什么方向？

N

月亮

月亮围绕地球旋转一周需要一个月。月亮距离地球最近，所以在我们看来，它是夜空中最明亮的天体。月亮将太阳光反射到地球上，就像一个巨大的空间反射镜。

探索开始啦

月相

在我们看来，月亮在天空中的形状是不断变化的。有时候我们看到的是一轮满月，有时候像一个半圆，有时候是一钩弯月。实际上月亮的形状并没有变化。当月亮位于地球和太阳之间时，朝向地球的一侧是黑暗的。随着月亮的移动，我们看到光亮的部分在不断变化。

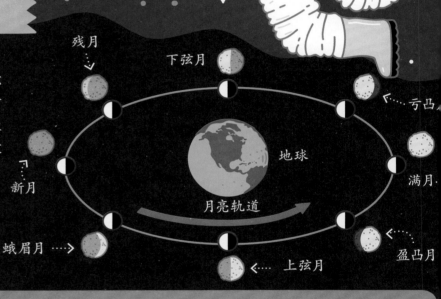

残月

下弦月

亏凸

新月

太阳光

月亮轨道

地球

满月

蛾眉月

上弦月

盈凸

动手做实验1

月亮日记

观察夜空中的月亮。描绘你看到的月亮的形状，并记下日期。你能发现月亮形状的变化规律吗？

动手造陨星坑

1　在托盘中加满面粉，用手或勺子背面压实，以便尽可能多地填入面粉。

如果使用天文望远镜观察月球，你会发现月球表面有很多大大小小的坑洞，称为陨星坑。陨星坑是小行星或彗星撞击月球时形成的。通过这个有趣的实验，你可以自己造陨星坑。

2　在面粉表面撒一层可可粉，确保完全覆盖面粉。

3　从合适的高度丢下一颗弹珠。观察发生了什么。

4　使用大小不同的弹珠做实验，从不同高度丢下或从不同角度抛掷。如果可供实验的面积用完了，你可以将陨星坑填平重新实验。你发现什么规律了吗？使用放大镜仔细观察一下吧。

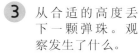

你需要准备：

- √ 较深的塑料托盘（或烤盘）
- √ 足够填满托盘的面粉
- √ 可可粉
- √ 大小不等的弹珠
- √ 放大镜

为什么会这样？

仔细观察你造的陨星坑，你能看见陨星坑周围像车轮辐条一样的辐射纹吗？用你的天文望远镜观察月球，找一找月球上带辐射纹的坑。

伽利略

伽利略·伽利雷（1564—1642）是意大利天文学家（研究宇宙的科学家）。他率先使用望远镜观察月球，观察到了陨星坑和环形山，并通过阴影面积计算出了月球山脉的高度。

行星

我们所在的太阳系有八颗不同的行星。其中一些行星体积较小且有很多岩石，例如地球。还有一些行星体积巨大且主要由气体构成，例如木星。

探索开始啦

生命星球

地球是太阳系中已知的唯一一具有生命的行星。科学家认为这是地球上有水的缘故。地球上有水，是因为地球与太阳的距离适中，所以地球上既不太热也不太冷，刚刚好！2015 年，一颗勘探近地行星——火星的人造卫星发现，火星上的悬崖存在暗斑，表明这里可能有水存在过。那么，火星曾经有生命存在吗？

太热　刚好　太冷

金星　火星

太阳　水星　地球　木星

你知道吗？

观察行星

观察某些行星并不需要望远镜。水星、金星、火星、木星和土星的亮度较大，肉眼就可以观察。

金星　火星　天王星

水星　地球　木星　土星　海王星

趣味谜题

正确匹配行星公转周期

以下是八大行星围绕太阳旋转一周所需的时间。你能将每个时间数字与对应的行星正确匹配吗？

30,687 天，687 天，365 天，60,190 天，88 天，225 天，4,333 天，10,756 天。

（答案在书后）

开普勒

约翰尼斯·开普勒（1571—1630）是德国数学家。他最先发现了行星围绕太阳旋转的规律。

行星为何沿轨道旋转?

多数行星的轨道是近似圆形的。它们为什么不脱离轨道飞入太空，或者撞向太阳？在本实验中，你将扮演一颗行星，并探究其中道理！

你需要准备：

√ 一名成人助手

√ 较大的开放空间，例如花园或公园

√ 至少2米长的绳子

1 你扮演行星，请你的助手扮演太阳。首先，请你的助手将绳子一端捆在你的腰部。

2 让你的助手抓牢绳子另一端。

3 离开你的助手直至绳子拉直，现在，面向与绳子垂直的那个方向。

4 如果你试图沿这个方向行走，会发生什么？

为什么会这样?

行星试图沿直线运动。同时，行星与太阳之间的引力（在这个实验中用绳子表示）将行星拉向太阳。结果，行星围绕太阳沿着近似圆形的轨道运动。

太阳

太阳给予我们阳光，给予我们生存所需的温度和能量。小科学家们，如果没有太阳，就没有我们人类！

探索加油站

太阳的能量来自哪里

我们所在的太阳系中，太阳是唯一能够自己发光的天体，这是因为太阳中心温度高达 1500 万摄氏度，这样高的温度足以支持核聚变的发生。核聚变过程中，两个原子核发生聚变（结合）并产生巨大能量。这是太阳和其他行星反射光的来源。

太阳中心发生　　　能量辐射出来
核聚变

太阳

贝特

汉斯·贝特（1906—2005）是美国物理学家。他研究核聚变，并于 1967 年荣获诺贝尔物理学奖。

你知道吗？

太阳的构成

太阳的主要成分是两种元素——氢和氦。氦这个词来自希腊语，意思是太阳，因为氦最先被发现在太阳上存在（1868 年），后来被发现在地球上也存在（1882 年）。

制作日晷

在手表问世之前的漫长历史中，我们的祖先借助太阳来掌握时间。每天，太阳在天空中有规律地运行，物体的影子也跟着移动。按照本实验制作日晷（guǐ），看看影子的移动与钟表的指针有何相似之处。

你需要准备：

√ 圆形纸板
√ 吸管
√ 彩色铅笔

1 用彩色铅笔在纸板的中心穿一个孔。

2 将吸管插入孔中。

3 在纸板的顶端标记数字 12，并将吸管略向顶端弯曲。

4 在一个晴天的中午 12 点来到室外，将日晷放在地面上，使吸管的影子与数字 12 重合。

5 一个小时以后再看纸板，依据影子标记数字 1。

6 每小时重复观察纸板一次，直到下午的六个小时的数字标记完毕。

7 你认为第二天早上，影子的位置会在哪里？按照类似方法将数字标记完整。

你知道吗？

地球的自转

太阳实际上并没有移动。太阳看起来在移动，是因为地球在旋转。地球自转一周需要 24 小时，所以 24 小时以后太阳又回到了原点。地球围绕太阳公转一周需要约 365 天（1 年）。

星星

在夜空中，撇开城市的灯火辉煌，你应该能够看到三千多颗星星从遥远的太空向你眨眼睛。它们很像太阳，只是距离十分遥远。

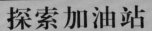

探索加油站

星星为什么眨眼睛？

在地球上透过大气层看星星时，星星才会眨眼睛。如果你在太空中，或者没有大气层的地方（例如月球上），你看到的星星就不会眨眼睛。

你知道吗？

星星有多远

比邻星是距离太阳系最近的恒星。它与我们的距离是 40 万亿千米！天文学家通常不使用这些庞大的数字，而是使用光年——光在真空中行走一年的路程。1 光年大约是 9.5 万亿千米！比邻星与我们的距离大约为 4.2 光年。

佩恩

塞西莉亚·佩恩（1900—1979）是英国天文学家。她发现恒星主要由氢和氦构成，认为恒星可以按照温度进行分类。

动手做实验1

识别星座

几千年前，我们的祖先发现星星可以构成图案和特定图形。他们玩了一个伟大的连点成线游戏，将很多星星连成图形，称为星座。现代天文学家识别出88个星座。你能识别这些著名的星座吗？

仰望星空！

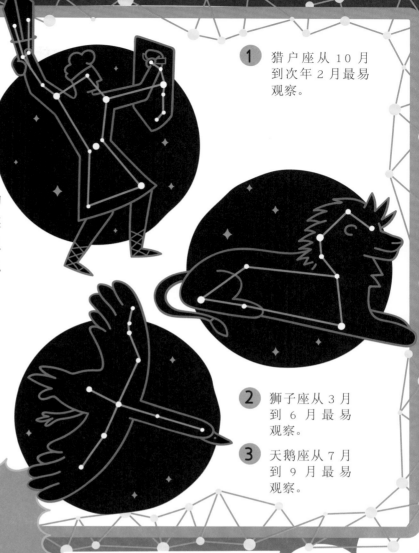

1 猎户座从10月到次年2月最易观察。

2 狮子座从3月到6月最易观察。

3 天鹅座从7月到9月最易观察。

你知道吗？

星星的分类与亮度

根据体积大小和温度高低，恒星可以分为七类，代号分别为O、B、A、F、G、K、M，太阳属于G类恒星。恒星的体积越大，温度就越高，寿命也越短。

仰望星空，你会发现，有的星星比别的星星更亮。关于恒星的亮度，天文学家有一个专有名词：星等。星等值越小，这颗恒星就越明亮。夜空中最亮的恒星是天狼星——它非常亮，以至于星等为负值（−1.46）。

动手做实验2

星星的颜色

在一个晴朗的夜晚，请仔细观察星星，看看你能否发现有些星星是红色的。这些星星即将死亡，体积越来越大，直到有一天剧烈爆炸，形成超新星！

体内的化学反应

一些最有趣的化学反应恰恰发生在人们的身体里。生物化学家专门研究生物体内的化学反应。

探索开始啦

激素

人的身体内有一些叫作腺的组织。腺分泌一种名为激素的化学物质，并输送至全身各处执行具体工作。例如，胰腺分泌胰岛素，用来管理血液中的葡萄糖水平。

探索加油站

酶

酶是体内促进化学反应的一种物质，科学家将它们称为生物催化剂。催化剂能够改变化学反应的速率，但自身不发生变化。唾液就是一个例子。唾液中含有一种酶，称为淀粉酶，能够帮助分解食物以助于消化。

淀粉酶的结构

胰岛素

饭后，你血液中的葡萄糖含量会升高，胰腺就会分泌胰岛素控制血糖平衡。

胰腺分泌的胰岛素进入血液

胰岛素使葡萄糖从血液进入细胞

索妮

卡马拉·索妮（1912—1988）是印度生物化学家。她研究酶，是第一位获得科学领域博士学位的印度女性。

探索开始啦

腺嘌呤 胸腺嘧啶

鸟嘌呤 胞嘧啶

DNA碱基

DNA 双螺旋结构（右图）是由四种细微的化学物质模块构成的，生物化学家称之为核苷酸碱基。它们分别是腺嘌呤（A）、胞嘧啶（C）、鸟嘌呤（G）和胸腺嘧啶（T）。

动手做实验

提取香蕉的DNA

不需要先进昂贵的实验室也可以进行提取 DNA 实验。按照以下步骤，你就可以提取香蕉的 DNA！

你需要准备：

√ 剥皮后的成熟香蕉
√ 可密封的包装袋
√ 热水
√ 盐
√ 洗涤剂
√ 外用酒精
√ 过滤纸或咖啡过滤器
√ 高玻璃杯
√ 茶匙

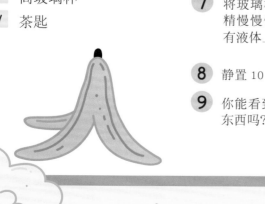

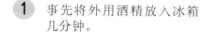

外用酒精

1 事先将外用酒精放入冰箱几分钟。

2 将半根香蕉放入包装袋，密封好以后将香蕉捣成糊状。

3 将一茶匙盐溶解在半杯热水中，然后将盐水倒入包装袋中。

4 将包装袋密封好，轻轻按摩，使盐水与香蕉糊混合均匀。

5 将半茶匙洗涤剂倒入包装袋中，轻轻地混合均匀。

6 将包装袋中的混合物经过滤纸倒入玻璃杯中，然后将过滤纸扔掉。

7 将玻璃杯向一侧稍微倾斜，然后将外用酒精慢慢倒入玻璃杯中，直到在玻璃杯中原有液体上面形成至少 2 厘米厚的酒精层。

8 静置 10 分钟。

9 你能看到酒精中漂浮着一些白色云雾状的东西吗？那就是香蕉的 DNA！

伟大的生物医学

在世界上很多地区，人们的平均寿命增加了，因疾病而过早死亡的人减少了。这多亏科学研究发现了诊断与治疗疑难病症的新方法。

探索开始啦

抗生素

很多令人讨厌的疾病是由细菌引起的。抗生素是杀死细菌或遏制细菌繁殖的药物。抗生素的使用对20世纪全球医疗状况的改善具有重大而积极的作用。

弗莱明

亚历山大·弗莱明（1881—1955）是英国细菌学家。他于1928年发现了青霉素——世界上第一种人工抗生素。

探索加油站

抗药性

由于抗生素的过度使用，细菌对我们的强力药物产生了抗药性（参见第23页），这意味着细菌不能轻易被杀死了。所以，科学家正在通过仿生学研究新的抗生素。例如，切叶蚁能利用周围环境中的细菌来自己制造抗生素。

探索开始啦

MRI和CT

医学的任务不仅是治疗疾病，还要及早诊断疾病。科学家发明了磁共振成像(MRI)和计算机层析成像(CT)的方法，不做手术也可以检查体内状况。

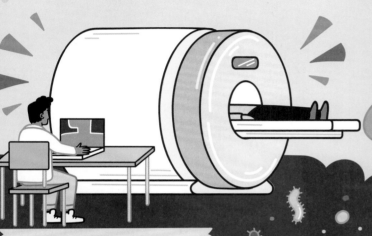

探索加油站

纳米技术

纳米技术的使用是现代医学一个令人振奋的领域。纳米技术应用的是肉眼无法看到的极其细微的材料。总有一天，纳米机器人可以钻入人的身体执行诊断与医疗任务。

动手做实验

细菌实验

细菌无时无刻不在我们的身边。人身体内的细菌数量不亚于人体细胞的数量。在本实验中，你将培养身边的细菌。

你需要准备：

- ✓ 一名成人助手
- ✓ 一个大土豆
- ✓ 一把削皮刀
- ✓ 一把刀
- ✓ 一副崭新的橡胶手套
- ✓ 四个可密封包装袋
- ✓ 记号笔

警告！刀口锋利！

参照　　呼吸　　触地　　手摸

1 戴上手套。请你的助手帮忙将土豆削去皮，然后切成四块。

2 将其中一块土豆放入一个包装袋中，并密封好。在包装袋上标记为"参照"。

3 取第二块土豆，对着它吹气和咳嗽，持续几分钟，然后放入一个包装袋中并密封好。标记为"呼吸"。

4 将第三块土豆与地板摩擦几次，然后放入一个包装袋中并密封好，标记为"触地"。

5 脱去手套，用手摩擦最后一块土豆，持续几分钟。然后放入最后一个包装袋中并密封好，标记为"手摸"。

6 将四个袋子放在避光的地方一周时间。

7 每天检查四个袋子。记录土豆的变化。一周之后，观察哪个袋子的土豆相比参照版本的变化最大，想想这是为什么。

神奇的生物技术

生物技术可以帮助人类社会实现有益的革新，让我们来看一下吧！

➡ 探索开始啦

转基因(GM)食品

科学家已经能够改变植物的基因代码，从而改变植物的性状。一些植物对特定的昆虫、害虫和疾病具有抵抗能力。通过改变这些植物的 DNA，农民不再需要向作物喷洒农药去杀死害虫，农药对人类环境是有害的。不过，我们还不知道，食用这些转基因食品是否对人类身体有害。

鲁道夫·耶尼施

鲁道夫·耶尼施（1942— ）是美国生物学家。他于 1974 年对小鼠实施转基因实验，成为第一位对动物实施转基因手术的科学家。

探索加油站

胰岛素生产

糖尿病患者不能分泌足量的胰岛素（参见第 70 页），所以他们需要定期注射胰岛素。很多年前，人类需要从动物的胰腺中提取胰岛素，但是生物技术的发展改变了这一切。科学家已经能够将生产胰岛素的基因代码植入细菌中，这样，细菌就能够生产大量的胰岛素供糖尿病患者维持健康。

人类胰岛素基因

插入细菌的 DNA

细菌开始生产胰岛素

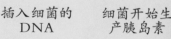
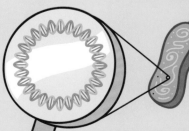

探索开始啦

克隆

克隆是科学家对某种生物进行精确的基因复制。复制对象可以是一个细胞，也可以是一个完整的生物个体。克隆个体与原个体具有几乎完全相同的 DNA。20 世纪 90 年代，人类克隆了第一个哺乳动物——多莉羊。

霍尔丹

J.B.S. 霍尔丹（1892—1964）是英国生物学家。他于 1963 年首次使用"克隆"一词。

动手做实验

生物技术的利与害？

生物技术的另一应用是生产化学乙醇，方法是将转基因细菌放入植物废料中，乙醇可用来生产燃料和酒精饮料。这一过程简单而又普通，但是并非所有人对所有类型的生物技术都表示赞成，有人质疑，直接干预自然的做法是否正确。

询问你的家人和老师关于生物技术的观点，再利用网络搜索生物技术的相关信息。通过以上调查，列出生物技术的好处和害处。

你知道吗？

干细胞

多数细胞具有特定的功能，但是，干细胞不具有特定的功能，并且能够发展为不同类型的细胞。科学家致力于研究克隆干细胞，从而使它们转变为具有特殊功能的细胞，最终治疗各种疾病。

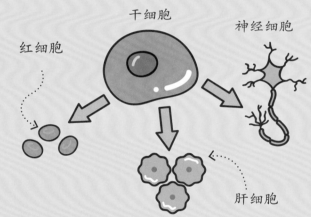

干细胞
红细胞
神经细胞
肝细胞

术语表

酸（ACID）
在水中溶解能产生带正电荷的氢离子的化学物质。

气压（AIR PRESSURE）
空气挤压其他物体时产生的"推力"。

小行星（ASTEROID）
围绕太阳旋转但体积比行星小的岩石或金属天体。

大气层（ATMOSPHERE）
环绕行星或卫星的气体层。

原子（ATOM）
周围万物的构建模块——包括一个原子核以及围绕原子核运动的电子。

细菌（BACTERIA）
极其微小的单细胞生物。

碱 (AS IN ALKALI)
在水中溶解产生带负电荷的氢氧根离子（由氢和氧构成）的化学物质。

二氧化碳（CARBON DIOXIDE）
由碳和氧化合而成的气体。

细胞（CELLS）
构成生物体的模块。

电荷（正电荷和负电荷）CHARGE (AS IN POSITIVE OR NEGATIVE)
电子的短缺或盈余。

化学反应（CHEMICAL REACTION）
化学物质中的原子重新组合的过程，能够产生一种或多种新物质。

气候（CLIMATE）
天气、温度和大气的长期状况。

彗星（COMET）
由尘土、气体和冰块构成的围绕太阳旋转的天体。彗星看起来是一个缓慢移动的点拖着一条尾巴。

浓度（CONCENTRATION）
规定体积中特定物质的量，通常指溶液的"浓度"。

冷凝（CONDENSE）
指气体或液体遇冷而凝结。

星座（CONSTELLATION）
一群星星组成的图案，并有一个确定的名称，例如猎户座。

细胞质（CYTOPLASM）
充满细胞内部的液体。

密度（DENSITY）
物质的质量与体积的比值，也就是致密度。

脱氧核糖核酸（DNA）DNA (DEOXYRIBONUCLEIC ACID)
脱氧核糖核酸是构成染色体的化学物质。它携带关于生物生长与行为的指令信息。

双螺旋（DOUBLE HELIX）
DNA中两个扭在一起的螺旋形状。

电流（ELECTRICITY）
指电荷的定向流动，也指单位时间内通过导体横截面的电量。

电磁力（ELECTROMAGNETIC FORCE）
原子内部使电子围绕原子核运动的力，电磁力使物质聚拢。

电子（ELECTRON）
电子内部携带负电荷的微小粒子。电子在原子内部围绕原子核旋转。

能量（ENERGY）
使物体或物质能够做某事的属性，例如运动或加热。

环境（ENVIRONMENT）
生物生存的周围环境。

蒸发（EVAPORATION）
受热时液体转变为气体的过程。

进化（EVOLUTION）
生物体随着时间而变化的过程。有些物种灭亡，有些物种改变，有些物种产生并发展。

基因（GENE）
染色体的组成部分。基因是指导生物生成的遗传密码的最小单位。

引力（GRAVITY）
物体之间相互牵引的力。引力使月球靠近地球，并使物体靠近地心。

氢（HYDROGEN）
一种无色无味的气体，在所有元素中密度最小。

冰期（ICE AGE）
地球表面温度下降且大面积覆盖冰川的一段时期（通常持续数百万年）。

肠（小肠和大肠）INTESTINE (SMALL INTESTINE AND LARGE INTESTINE)
动物或人体的器官，负责吸收食物中的营养。

动能（KINETIC ENERGY）
物体由于机械运动而具有的能，它的大小等于运动物体的质量和速度平方乘积的二分之一。

物质（MATTER）
占据空间的任何物质——包括固体、液体和气体。

熔化（MELTING）
通过加热使固体转变为液体的过程。

膜（MEMBRANE）
围绕一个构造形成边界的薄片或薄层，例如细胞膜。

有丝分裂（MITOSIS）
细胞分裂成两个完全一样的个体的过程。

分子（MOLECULE）
两个或多个原子通过化学键结合在一起。一个分子可以包括同种元素的原子或不同元素的原子。

突变（MUTATION）
由于细胞中的 DNA 复制发生错误，生物的遗传密码发生随机改变。

自然选择（NATURAL SELECTION）
生物进化的潜在过程。在环境中具备生存优势的生物最有可能成功繁殖并将生存优势遗传给下一代。

花蜜（NECTAR）
开花植物产生的又香又甜的液体。

中子（NEUTRON）
位于原子的原子核内部的微小粒子，既不带正电荷，也不带负电荷。

原子核（NUCLEUS）
原子的核心部分，包括质子和中子。也指细胞核——细胞的"控制中心"。

营养（NUTRIENTS）
生物所需的化学物质，用来提供能量或构造身体。

氧（OXYGEN）
生命必需的元素（气体），约占地球大气层的五分之一。

声调（PITCH）
声音的高或低，由频率（声源振动的速度快慢）确定。

花粉（POLLEN）
花药里的粉粒，多是黄色的，也有青色或黑色的。每个粉粒里都有一个生殖细胞。

势能（POTENTIAL ENERGY）
物体内部蕴含的能量，可以转换为其他形式的能量。

质子（PROTON）
原子的原子核内部携带正电荷的微小粒子。

折射（REFRACTION）
光通过不同透明物质时发生的弯曲，例如玻璃和空气。

繁殖（REPRODUCE）
产生后代（幼崽）。

抗药性（针对抗生素）RESISTANCE (AS IN AN ANTIBIOTIC)
细菌能够耐受抗生素并持续繁殖的能力。

视网膜（RETINA）
眼球最内层的薄膜，由神经组织构成，外面跟脉络膜相连，里面是眼球的玻璃体，是接受光线刺激的部分。

太阳系（SOLAR SYSTEAM）
太阳、地球和其他围绕太阳旋转的行星所构成的系统，包括行星、彗星和小行星。

物种（SPECIES）
具有共同特征并能够繁殖后代的生物群体。

潮汐（TIDE）
由于受到月球和太阳的引力作用，海水产生的有规律的运动。

静脉（VEINS）
将身体各处的血液输送回心脏的血管。

参考答案

第 22—23 页　适应和进化
动物的适应特性

骆驼——鼓起的部位用来储存养分；
长颈鹿——脖子长，便于够到高处的树叶；
变色龙——改变身体颜色便于躲避天敌以及捕食猎物；
鹰——爪子和喙锋利，便于捕食猎物；

海豹——皮厚，便于保暖

第 64—65 页　行星

正确匹配行星公转周期

30,687 天：天王星；687 天：火星；365 天：地球；
60,190 天：海王星；88 天：水星；225 天：金星；4,333
天：木星；10,756 天：土星